U0175142

工作好

身体好

手指测量取穴法

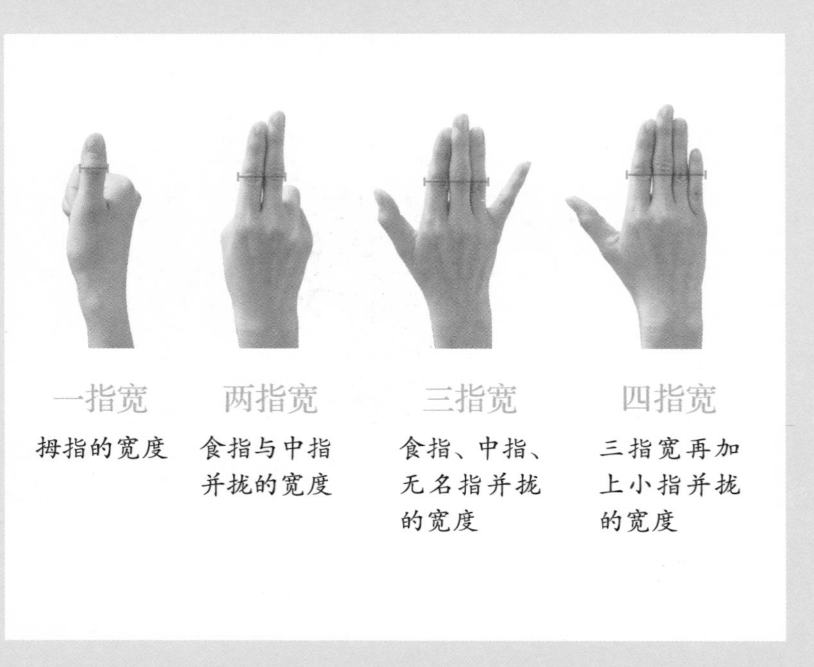

每个人的身高和骨骼情况不一样，穴位的位置也不可能都适用于如“从这里开始往上 ×× 厘米处”这种测算方法。因此要以各自的人体为基准来寻找穴位，测算的基本指标是“手指的宽度”，即用自己的手指来测算出穴位的位置。

手穴按摩疗法

手部是穴位集中的地方，每天按压手部穴位能刺激神经，活化大脑，调整相应组织器官的功能，改善其状态，从而起到阻断疲劳、强身健体、防病治病的作用。这种不论何时都能“随手”做到的自我健康保健法，既简单又有效。配合使用“手穴按摩板”，更轻松！

手握幸福

健康工作轻手账

主编 / 孙建光

副主编 / 陈飒　唐长华　张程

青岛出版社
QINGDAO PUBLISHING HOUSE

目录

春

立春

雨水

惊蛰

春分

清明

谷雨

夏

立夏

小满

芒种

夏至

小暑

大暑

秋 立秋

处暑

白露

秋分

寒露

霜降

冬

立冬

小雪

大雪

冬至

小寒

大寒

SPRING

年 第　周　月　日 — 月　日

月　日 （星期一）		
月　日 （星期二）		
月　日 （星期三）		
月　日 （星期四）		
月　日 （星期五）		

立春，表示春季的开始。《月令七十二候集解》云："立春，正月节。立，建始也。五行之气往者过来者续于此。而春木之气始至，故谓之立也。"立春，又叫"打春"，是冬至起数九的第六个"九"，所以就有"春打六九头"之说。"立春一年端，种地早盘算。""一年之计在于春，一生之计在于勤。"立春时节，一元复始，万象更新。立春这个词儿，充满了破旧立新的辩证法。

立春

立春偶成

宋·张轼

律回岁晚冰霜少，
春到人间草木知。
便觉眼前生意满，
东风吹水绿参差。

一年之际在于春。《黄帝内经》说："正月二月，天气始方，地气始发，人气在肝。"中医认为，肝者，通于春气；肝主疏泄，喜条达，恶抑郁。春季养生应顺应春气的生发和肝气的畅达之性，从而保障一年之际五脏的安和健康。"怒伤肝"，因此应保持心境恬适的状态，既可防止肝火上越，又有利于阳气生长。正如《黄帝内经》所言，"故美其食，任其服，乐其俗，高下不相慕"，看淡得失，放松身心，才是养生的根本。

春笋——素食第一品

说到"吃春"，不得不提脆嫩鲜美的春笋。杜甫诗曰："青青竹笋迎船出，日日江鱼入馔来。"郑板桥亦言："江南竹笋赶鲥鱼，烂煮春风三月初。"李渔著的《闲情偶寄》中蔬食第一篇就是笋："此蔬食中第一品也，肥羊嫩豕，何足比肩。但将笋肉齐烹，合盛一簋，人止食笋而遗肉，则肉为鱼而笋为熊掌可知矣。"

春笋有升发之性，因此很符合春季养生以肝为先的饮食原则。春笋俗称能"刮油水"，对防治高脂血症、高血压病、冠心病、糖尿病、肠癌、痔疮及肥胖有很好的辅助作用。

五彩笋丝、火腿炒笋片、笋丝鸡汤羹、百花酿嫩笋、笋酿、油焖春笋、腌笃鲜等都是不错的佳肴。剥笋壳是要讲技巧的。用小刀从笋尖往笋根方向纵向划一刀，便可轻松将硬壳剥除。去壳后的春笋用刀背猛力拍一下，再切成长条或滚刀块，便于入味。春笋有些微苦涩的口感，所以要在加盐的水中略煮一下，再过一下凉水，这样能削弱涩感，还能保持其鲜嫩清脆的口感。

买笋时，一看外形，从根部到梢头略呈圆弧形，外壳色泽鲜黄或淡黄略带粉红，笋壳完整而且饱满光洁者为佳；二看笋根，一般春笋的根部都有"痣"，"痣"红的笋鲜嫩；三要看笋节，节与节之间距离越近的，笋越嫩。

将春笋切成小块，焯水之后放在阳光底下晾晒成笋干，然后储存在冰箱里。冬天的时候，把笋干用水泡发后和排骨、山药、老鸭等食材一起炖汤，都是特别不错的搭配。

保肝利胆，增进食欲

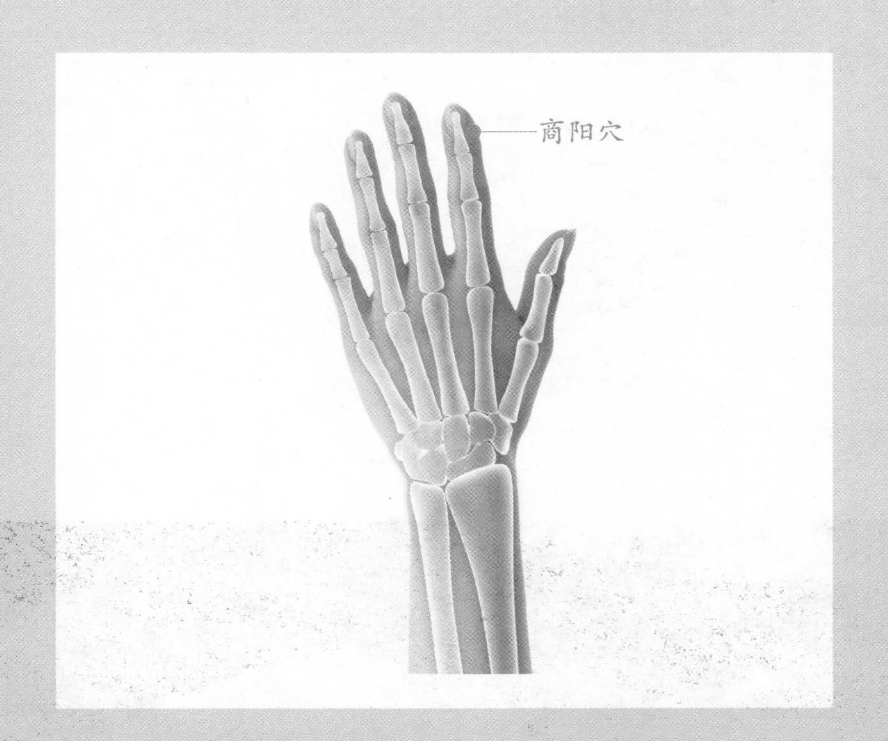

取穴及按压方法

穴位位于食指指甲的根部，靠近拇指的那一侧。用对侧手的拇指尖稍用力按压。

年 第 周 月 日 — 月 日

月 日 （星期一）	
月 日 （星期二）	
月 日 （星期三）	
月 日 （星期四）	
月 日 （星期五）	

民间立春日有吃春卷、吃春饼、吃春盘、嚼萝卜的习俗，意为“咬春”，取“咬得草根断，则百事可做”之意，有迎春接福的寓意。将烙得既薄又筋道的春卷皮包裹着各种新鲜蔬菜，如豌豆尖、韭菜、生菜、萝卜丝、豆芽，包好后咬上一大口，会瞬间感到春的气息充满心房。

立春

宋·朱淑贞

停杯不饮待春来，
和气先春动六街。
生菜乍挑宜卷饼，
罗幡旋剪称联钗。
休论残腊千重恨，
管入新年百事谐。
从此对花并对景，
尽拘风月入诗怀。

中医认为，春季饮食宜“减酸增甘，以养脾气”。酸性食物其性收敛，与春季阳气升发之势相悖，故应“减酸”以助阳气升发。但素体肝阳偏亢之人，表现为失眠、烦躁、血压升高、眼睛发红、耳鸣、口苦等，则要适当吃些山楂、乌梅等酸性食品，以收敛过于亢盛的阳气。春季肝气升发，过旺就会横逆犯脾，影响脾胃的消化吸收，故应“增甘”以强脾胃，甘味食材如红枣、山药、南瓜、龙眼等。

玫瑰甘麦大枣汤

材料

玫瑰花…6朵

甘草…3克

浮小麦…10克

大枣…3枚

做法

❶将大枣去核，切成两半。

❷将大枣、玫瑰花、甘草、浮小麦一同放入保温杯中，冲入沸水，加盖焖30分钟左右，即可饮用。

❸也可将上述食材加水煎煮后，取汤液500毫升，一日内分2~3次服完。

功效

柔肝养血，补脾和胃，宁心安神，除烦安眠。甘草、浮小麦在中药房都能买到。

健胃整肠，促进消化

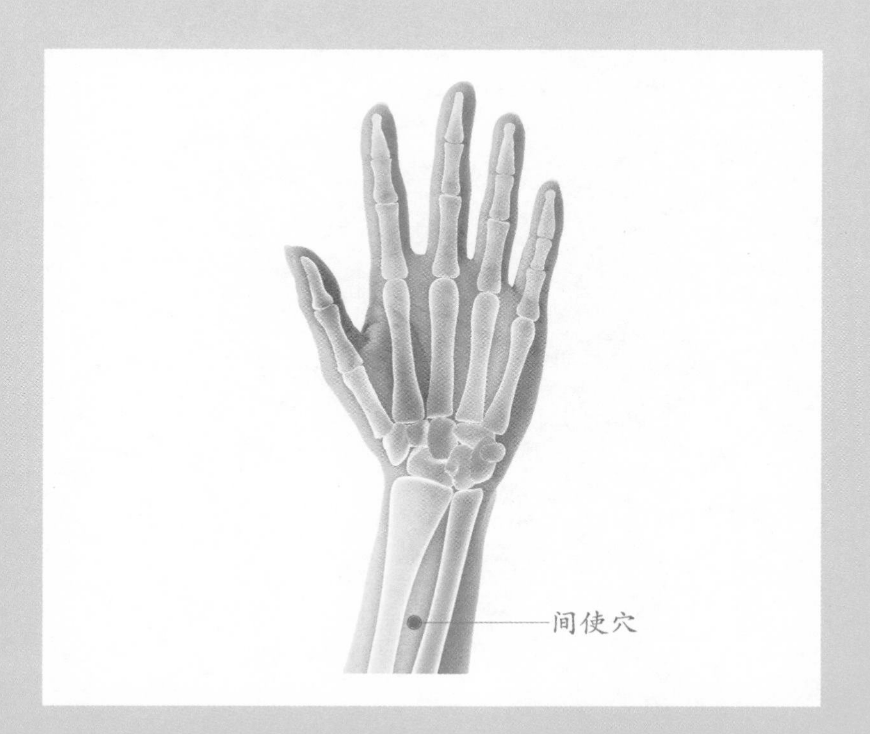

取穴及按压方法

掌心向上，手腕横纹中央向上四横指宽处取穴，间使穴就在两条筋的中间。用对侧手的拇指尖稍用力按压。

年 第　周　月　日 — 月　日

月　日 （星期一）	
月　日 （星期二）	
月　日 （星期三）	
月　日 （星期四）	
月　日 （星期五）	

《月令七十二候集解》说："雨水，正月中。天一生水，春始属木，然生木者，必水也，故立春后继之雨水，且东风既解冻，则散而为雨水矣。"雨水节气提示此后降雨量增多，万物都在"润物细无声"的春雨中舒展、生长。此前，寒意犹在；此后，春意盎然。

雨水

春游湖

宋·徐俯

双飞燕子几时回？
夹岸桃花蘸水开。
春雨断桥人不度，
小舟撑出柳阴来。

雨水时节，地湿之气渐升，而且早晨时有寒霜出现，这种湿寒的气候对人体健康会产生一定的影响。湿寒之邪最易伤脾，故雨水前后饮食上应当着重清利湿邪，养护脾气。同时，“倒春寒”容易使初生的阳气发生壅阻，导致“寒包火”，因此也不易吃燥热食物，避免“火上浇油”。山药、薏米、红豆、土豆、南瓜、西蓝花、茼蒿、豌豆尖等都是非常适合雨水时节食用的食材。

薏米山药煲鲫鱼汤

材料

薏米…50 克

山药…400 克

大枣…3 个

鲫鱼…500 克(约 1~2 条)

猪骨…400 克

生姜…3 片

盐…适量

做法

❶ 将薏米、大枣(去核)洗净，稍浸泡；山药去皮、洗净；猪骨洗净，用刀背敲裂，备用。

❷ 将鲫鱼宰好，洗净，用慢火煎至两边微黄，然后与前述食材、生姜一起放入瓦煲内，加入清水 2500 毫升，用武火煲沸后，改为文火煲约 2 个小时，调入适量盐便可。

功效

本汤是广东民间常用的健脾祛湿汤，祛湿毒、利肠胃，且男女老少皆宜，尤其适合于春雨绵绵，身体湿困期间饮用。

治疗落枕与肌肉痉挛

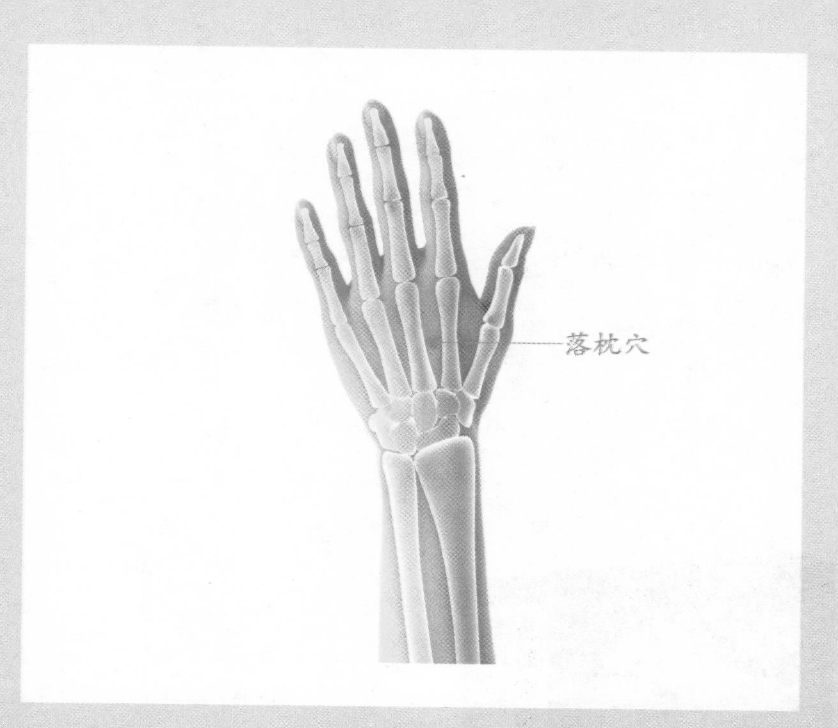

取穴及按压方法

手背向上，沿着食指和中指指骨交叉的地方，向手指方向推约一横指宽处取穴，与掌心的劳宫穴相对。用对侧拇指指腹按住穴位，向手腕方向推按。

年 第　周　月　日 — 月　日

月　日 （星期一）	
月　日 （星期二）	
月　日 （星期三）	
月　日 （星期四）	
月　日 （星期五）	

雨水时节，不少人会感觉整日困倦疲乏。中医认为，春困是由肝旺和脾湿二者共同造成的。肝气旺盛则脾胃虚弱，雨水湿重则脾胃受困，春阳也就无力上升了。此时宜做些较轻松的运动，以便让体内阳气和缓上升，调治春困。运动量以劳而不倦、轻微出汗为度。适合的运动，如易筋经、八段锦、太极拳、散步等。推荐图书：《李医生的易筋洗髓养生操》（扫二维码看教学视频）

三台词

唐·韦应物

冰泮寒塘始绿，

雨馀百草皆生。

朝来门阁无事，

晚下高斋有情。

雨水时节，最容易出现“倒春寒”，“避风如避箭”这句话，要时刻记在心上。因此，“春捂”是硬道理。“春捂”的重点在于背、腹、足底。背部保暖可预防风寒之气损伤“阳脉之海”——督脉，避免因抵抗力下降导致流感等疾病的发生。

桑叶薏米防风饮

材料

桑叶…10 克

薏米…30 克

防风…10 克

做法

❶ 将薏米淘洗干净，防风、桑叶略清洗，一同放入锅内，加水适量。

❷ 将锅置武火上烧沸，改用文火煮 20~30 分钟后关火，滤去渣，稍凉即可服用。

功效

祛风散寒，解表化湿。适用于风寒感冒（表现为怕冷、发热、头痛、无汗、没有食欲，或伴有恶心、腹泻等症），并有预防流感的作用。

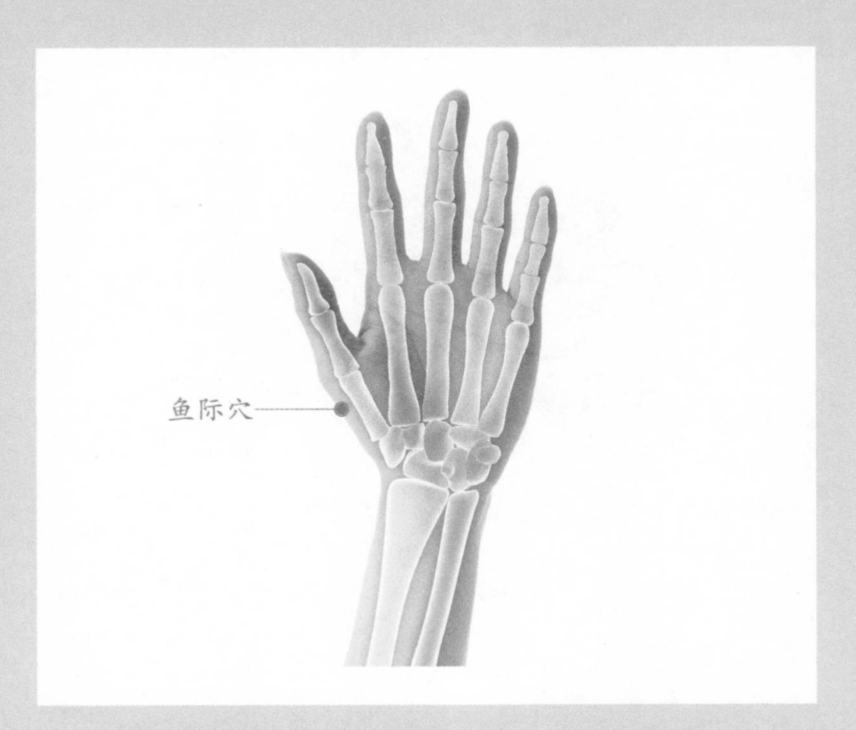

取穴及按压方法

掌心向上，在拇指下方肌肉隆起处边缘的中点和手背的交接点处（赤白肉际），可触及一凹陷，这就是鱼际穴。用对侧手的拇指指腹按揉。

年 第 周 月 日 — 月 日

月 日 （星期一）	☼ 🌧 ☁ 风 ❄ ☾	
月 日 （星期二）	☼ 🌧 ☁ 风 ❄ ☾	
月 日 （星期三）	☼ 🌧 ☁ 风 ❄ ☾	
月 日 （星期四）	☼ 🌧 ☁ 风 ❄ ☾	
月 日 （星期五）	☼ 🌧 ☁ 风 ❄ ☾	

惊蛰，意思是天气回暖，春雷始鸣，惊醒了蛰伏冬眠的动物。惊蛰是个农忙的时节，“春日载阳，有鸣仓庚。女执懿筐，遵彼微行，爰求柔桑”。“飒飒东风细雨来，芙蓉塘外有轻雷”。在这个时节让我们一起迎春风、沐春雨、听春雷，感受生活的美好吧。

惊蛰

观田家

唐·韦应物

微雨众卉新，
一雷惊蛰始。
田家几日闲，
耕种从此起。
丁壮俱在野，
场圃亦就理。
归来景常晏，
饮犊西涧水。
饥劬不自苦，
膏泽且为喜。
仓廪无宿储，
徭役犹未已。
方惭不耕者，
禄食出闾里。

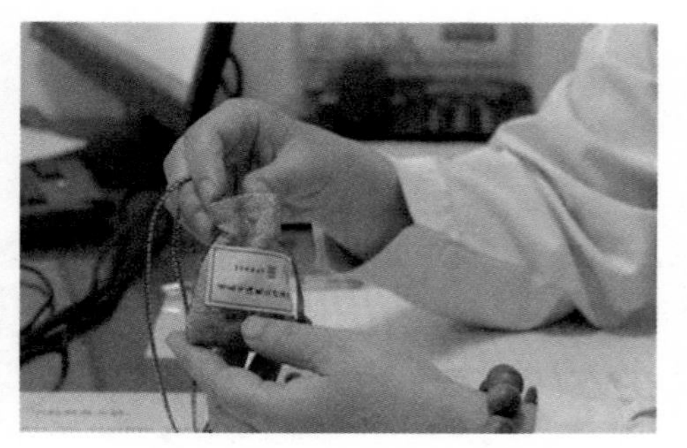

春季是流行性传染病的多发季节，尤其是惊蛰过后万物复苏，各种病毒和细菌十分活跃。中医称流行性传染病为“疫病”，将空气中的致病微生物统称为“疫气”或“秽浊之气”。“疫，民皆疾也。”《黄帝内经》中就有“五疫之至，皆相染易，无问大小，病状相似”的描述，认为“正气存内，邪不可干”，可“避其毒气”。

中药香囊具有芳香避秽的作用，可预防呼吸道感染和多种传染性疾病。自古民间就有用芳香疗法来驱邪避晦的习俗，认为可以祛寒湿、通脉络、消积滞、强筋骨、杀疫毒、扶正气。屈原在《离骚》中说，“扈江离与辟芷兮，纫秋兰以为佩”，江离、辟芷、秋兰均为香草。汉代名医华佗倡导用丁香、百部等药物制成香囊，悬挂在居室内，用来预防肺部疾病。唐代“药王”孙思邈著的《千金要方》中也有佩戴药囊可“避疫气，令人不染”的记载。现在民间还有“戴个香囊袋，不怕五虫害” 的谚语。可见，用中药香囊来预防疾病在我国不仅历史悠久，而且深入人心。

防疫香囊

材料

苍术、藿香、厚朴、丁香、石菖蒲、白芷、艾叶、青蒿，以上各等分，冰片适量。

做法

将这些中药研成细末或粗粒，适量装入无纺布包装袋中，再将无纺布包装袋装入香囊包中。

功效

祛风解毒，化浊辟秽，通络开窍。

用法

将香囊佩戴在身上，或者悬挂于床边、窗前、案头、车内。1次1包，5天一更换。佩戴前可置于微波炉中低火加热约1分钟，将药性尽量发挥出来。药力经过口鼻、毛孔、肌腠进入身体，起到鼓舞正气、抵御外邪的作用。本香囊适用于2岁以上儿童及成人，孕妇、哮喘病患者及过敏性疾病急性发作期患者不宜使用。

补肺气，降烟瘾；养耳目，治牙痛

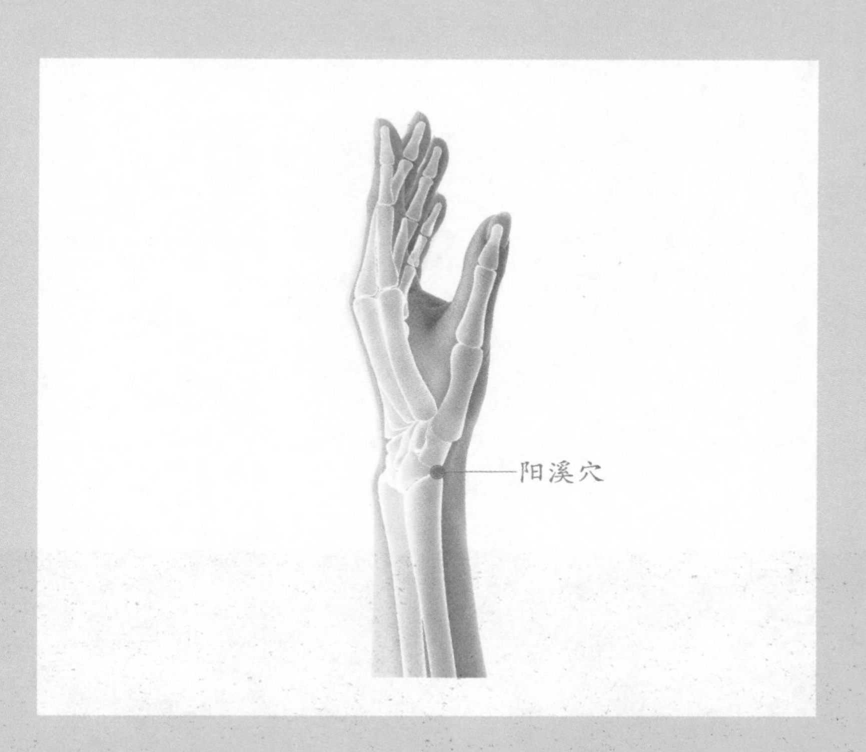

取穴及按压方法

阳溪穴位于腕背横纹拇指侧，拇指向上翘起时，两筋之间的凹陷中。用对侧手的拇指指腹按揉或用指甲掐按。

年 第 周 月 日 — 月 日

月 日
（星期一）

月 日
（星期二）

月 日
（星期三）

月 日
（星期四）

月 日
（星期五）

据史书记载，惊蛰节气在汉朝以前被称作启蛰，因为避讳汉景帝刘启的名字才改为惊蛰。惊和启两字尽管意思相近，却颇有区别。惊蛰是蛰伏之物被外界所惊，而启蛰却是自己主动开启新的生命。生活又何尝不是如此呢？一切有成就、有意义的人生，无不和自发、自觉相联系。

惊蛰日雷

宋·仇远

坤宫半夜一声雷，
蛰户花房晓已开。
野阔风高吹烛灭，
电明雨急打窗来。
顿然草木精神别，
自是寒暄气候催。
惟有石龟并木雁，
守株不动任春回。

惊蛰时节也是慢性支气管炎、哮喘等呼吸道疾病容易急性发作的时节。之所以这些疾病迁延不愈，通常是由于老痰去除不了。我们日常生活中常吃的海带，具有去老痰的功效。海带在中药学里的学名叫昆布，最早记载于2000多年前的中药典籍《本草别录》中。书中记载，海带性味咸寒，归肝、胃、肾经，可以消痰、软坚、利水。

黑金糖浆

材料

海带…500克

生姜…45克

红糖…适量

做法

❶将海带、生姜洗净后剁碎。

❷加适量水，煮沸后加入适量红糖，边熬边搅，直至黏稠为止，出锅放凉，置于密封瓶中。

服法

每日服2次，每次2勺（大约15毫升），10天为一个疗程。

功效

清肺化痰，软坚散结。

镇咳平喘，治疗咽喉肿痛

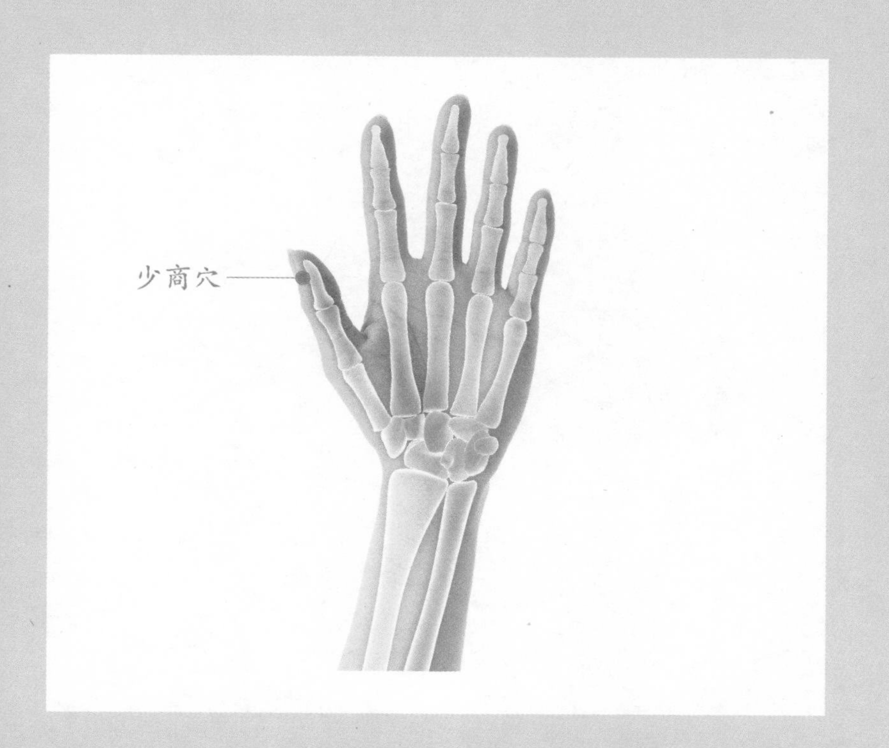

取穴及按压方法

手背向上，拇指指甲外侧，从指甲根往上推 2 毫米处取穴。用对侧手的拇指尖稍用力按压。

年 第　周　月　日 — 月　日

月　日 （星期一）	
月　日 （星期二）	
月　日 （星期三）	
月　日 （星期四）	
月　日 （星期五）	

春分的意义，一是指一天时间昼夜平分，各为 12 小时；二是立春至立夏为春季，春分正好位于春季三个月之中，平分了春季。《春秋繁露》云：“春分者，阴阳相半也，故昼夜均而寒暑平。”春日过半，要把握好每一天！

春分

赋得巢燕送客

唐·钱起

能栖杏梁际，
不与黄雀群。
夜影寄红烛，
朝飞高碧云。
含情别故侣，
花月惜春分。

春拾芽菜

“春分者，阴阳相半也。”中医认为，春分时节正是调理体内阴阳以保持平衡，协调机体功能的重要时机。阴阳平衡则气血通畅，阴阳失调则会引起春燥“上火”。

此时节应尽量放慢生活节奏，多与自然亲近。

饮食方面宜寒热均衡，忌偏热、偏寒。烹调鱼、虾、蟹等寒性食物适当搭配一些葱、姜、蒜等热性食材，食用羊肉、韭菜、辣椒等助阳类食物时，最好搭配蛋类等滋阴之品，以平衡其寒热阴阳，相得益彰。又如，小葱拌豆腐、绿豆芽炒韭菜、蒜泥拌香椿、豆豉炒春笋等，都是平衡搭配的代表性菜品。

推荐吃“芽菜”，如豆芽、香椿苗、豌豆尖、薄荷叶、荠菜、春笋等。

豌豆尖也叫豌豆苗、豌豆颠，有着特别的豆香味，鲜嫩清新。豌豆尖的食用历史在《诗经》中就有记载。《小雅·采薇》云：“采薇采薇，薇亦柔止。”薇，为野豌豆尖。宋代长寿诗人陆游曾诗曰，“自候风炉煮小巢”“一盘笼饼是豌巢”。小巢、豌巢都是指豌豆尖。“文坛美食家”汪曾祺先生在《食豆饮水斋闲笔》中描述道：“吃毛肚火锅，在涮了各种荤料后，浓汤之中推进一大盘豌豆颠，美不可言。”

从养生角度讲，豌豆尖健脾益气、助消化、利小便、解疮毒。豌豆尖的吃法有很多种，可做汤，可涮火锅，可做春卷。最常见的做法便是清炒：把豌豆尖去掉硬茎，洗净，沥干水。热锅下油，将姜丝放进去煸炒，用猛火炒豌豆尖至软身，下盐、鸡精、蒜末、糖，用筷子轻轻在锅里搅匀，出锅前淋上少许香油，把豌豆苗的清香封住，吃到嘴里会感觉特别清爽。

缓解头痛与焦虑

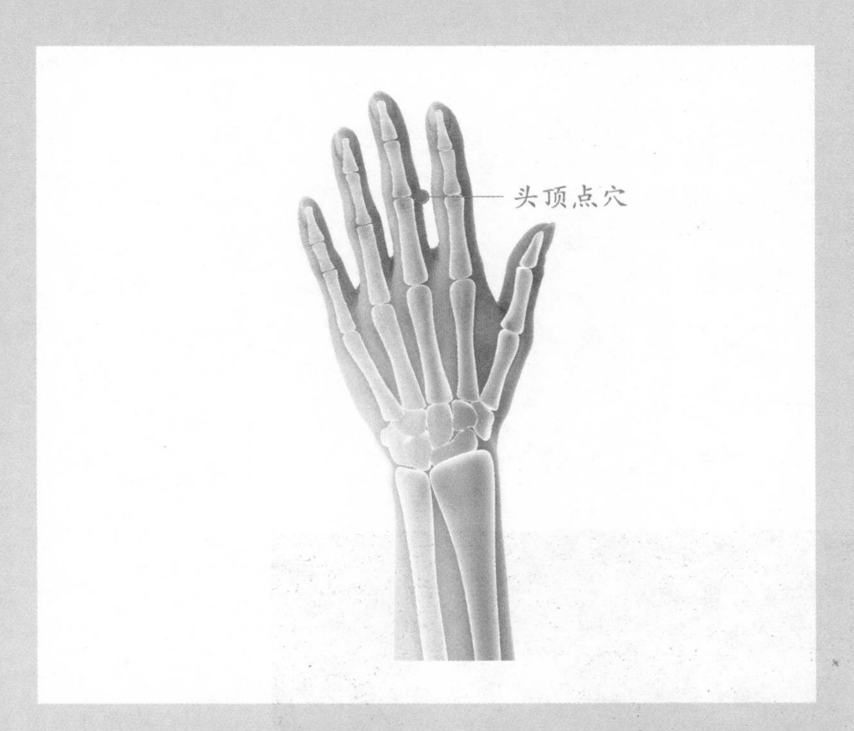

取穴及按压方法

手背向上，中指第二关节的食指一侧，即为头顶点穴。用对侧手的拇指和食指夹住关节两侧，稍用力按压。

年 第 周 月 日 — 月 日

月 日（星期一）

月 日（星期二）

月 日（星期三）

月 日（星期四）

月 日（星期五）

在古代，春分日算是踏青活动的正式开始，活动有放风筝、簪花喝酒和野外挑野菜（踏青挑菜）等。踏青郊游之际，随手采一些山间的野菜，回家烹之，送入舌尖，春天的味道直击味蕾。

乐春吟

宋·邵雍

四时唯爱春，
春更爱春分。
有暖温存物，
无寒著莫人。
好花方蓓蕾，
美酒正轻醇。
安乐窝中客，
如何不半醺。

一般草木只有天暖了才出土生长，而荠菜则是破凌而出。晋人夏侯湛作《荠赋》曰，“钻重冰而挺茂，蒙严霜以发鲜”“齐精气于款冬，均贞固乎松竹”。在此把荠菜与松竹摆在一起，喻其品节坚贞。

“三月三，荠菜赛灵丹。”用荠菜和粳米熬制成荠菜糊，古称“百岁羹”，老年人常食既可防病，又可延年益寿。

荠菜是百吃不厌的时令野味，宋代诗人陆游有诗云：“残雪初消荠满园，糁羹珍美胜羔豚。”大文豪苏轼在《春菜》诗里写道：“烂蒸香荠白鱼肥，碎点青蒿凉饼滑。”我们可以选择时令的鲜鱼，把鱼肉片成片，上浆放油中滑熟备用。把荠菜洗净，开水烫一下。锅内加少许高汤，自己在家做可以用半成品汤料包代替底汤。底汤熬好后，放入鱼片、荠菜，加入少许调味料，出锅前淋一点香油即可。同样混合着荠菜的清香与海味的鲜香的，还有荠菜蛎黄豆腐汤这道汤，即使是不入盐、醋等任何调味，也是“芳甘妙绝伦”。荠菜黄鱼羹、荠菜虾仁烩双菇、荠菜鲈鱼粒等也都是经典的菜品。

民间还有这样的习俗：在农历三月三的前一天晚上，采一大把荠菜花与鸡蛋同煮，煮熟的鸡蛋把壳敲裂，在荠菜花水里浸上一夜，第二天早晨吃。浸泡后的鸡蛋白呈现淡淡绿色，咬一口，一股荠菜的清香扑鼻而来。这种吃鸡蛋的方法，据说可明目，防头痛。

荠菜茶

乡间称荠菜为“护生草”。中医认为荠菜有清肝热、解湿毒、和胃健脾、凉血止血、明目降压等功效。《名医别录》载其“主利肝气，和中，明耳目”，《日用本草》说其“凉肝明目”，《本草纲目》认为荠菜能“通气开胃，利气豁痰”。

每年春季采集荠菜，洗净晾干后切碎。每次取 10~15 克用沸水冲泡，可以长期服用，对肝阳上亢型高血压病有很好的辅助疗效。高血压病患者还可用鲜荠菜 120~150 克，或者荠菜花、夏枯草各 10 克，每日水煎服，对调控血压也有帮助。

防治高血压，治疗失眠与便秘

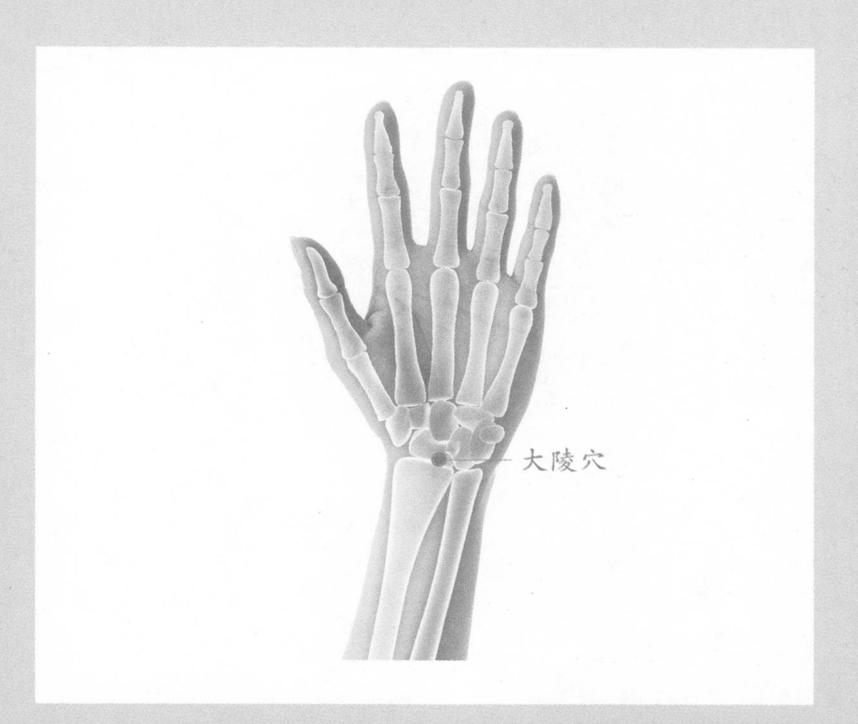

取穴及按压方法

掌心向上，在腕横纹的正中央取穴，两筋之间就是大陵穴。用对侧手的拇指尖稍用力按揉。

年 第 周 月 日 — 月 日

月 日
（星期一）

月 日
（星期二）

月 日
（星期三）

月 日
（星期四）

月 日
（星期五）

清明时节，天气清爽明朗，万物欣欣向荣，故《月令七十二候集解》中说：“万物齐乎巽，物至此时，皆以洁齐而清明矣。”清明，既是节气又是节日。它既是一个祭奠祖先、缅怀先人的肃穆日子，也是一个远足踏青、亲近自然的春季仪式。在这一天，我们会思考该如何珍惜当下的生活。

清明

清明日对酒

宋·高翥

南北山头多墓田，
清明祭扫各纷然。
纸灰飞作白蝴蝶，
泪血染成红杜鹃。
日落狐狸眠冢上，
夜归儿女笑灯前。
人生有酒须当醉，
一滴何曾到九泉。

清明时节是艾草最为鲜嫩的时候，用来做青团是清明时节的重要食俗。青团是一种将艾草汁或青苗汁拌进糯米粉和大米粉里揉成皮，再包入各种馅料制成的小吃。古人认为“食之资阳气”。吃一枚糯软香甜的青团，喝一杯清香怡人的春茶，便能品味到春天的滋味。

可以自己在家做青团。将新鲜艾叶洗净，锅里水煮开后放入艾叶，加3~5克食用碱（防止青团蒸出来变色），开锅15秒后捞出艾叶，将其过凉水。艾叶变软后放入料理机里打成泥。盆中倒入大米粉、糯米粉，混合均匀，加入一勺花生油，倒入艾叶泥，揉成面团醒30分钟。将面团分成分量一致的小团，每枚30克左右。

红小豆加水，用高压锅压至酥烂，再用破壁机打成泥，然后放入炒锅，依次加入冰糖、花生油、红糖，炒至不粘铲子、不粘锅底，盛出冷却备用。

揉好的面团捏成小碗状，放入红小豆馅料，每枚30克左右，用虎口慢慢收紧，滚圆，垫上油纸或者粽叶上锅蒸。冷水上锅，水开之后大火蒸10分钟即可。出锅后放至微热，刷上一层熟色拉油，裹上一层保鲜膜后冷藏。

艾草有很高的药用价值，能够促进人的肠胃蠕动，修复受损的胃黏膜，缓解便秘，加速人体新陈代谢，增强抵抗力。

治疗胸胁痛与胆绞痛

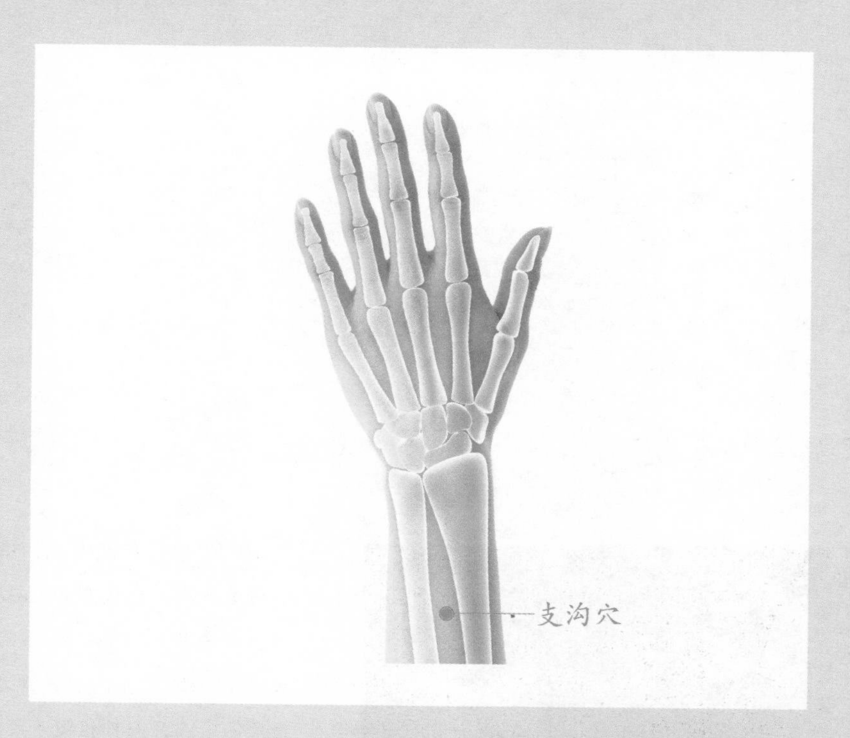

取穴及按压方法

手背向上，从手掌上折时手腕出现的横纹中央，向上推四横指宽处取穴，支沟穴就在两根骨头缝当中。用对侧手的拇指尖按压。

年 第 周 月 日 — 月 日

日期	天气	
月 日（星期一）	☼ ☂ ☁ ≋ ❄ ☾	
月 日（星期二）	☼ ☂ ☁ ≋ ❄ ☾	
月 日（星期三）	☼ ☂ ☁ ≋ ❄ ☾	
月 日（星期四）	☼ ☂ ☁ ≋ ❄ ☾	
月 日（星期五）	☼ ☂ ☁ ≋ ❄ ☾	

“清明一霎又今朝，听得沿街卖柳条。”古代有清明插柳、折柳、戴柳的习俗。《燕京岁时记》记载：“至清明戴柳者，乃唐高宗三月三日祓禊于渭阳，赐群臣柳圈各一，谓戴之可免虿毒。”其实，南北朝时人们就已“插柳防疫”了，有“取柳枝著户上，百鬼不入家”的说法。免虿毒、避百鬼，都是防疫避邪、不闹杂病的寓意。

清明日园林寄友人

唐·贾岛

今日清明节，园林胜事偏。
晴风吹柳絮，新火起厨烟。
杜草开三径，文章忆二贤。
几时能命驾，对酒落花前。

中医学认为，体内肝气在清明之际达到最旺。常言道，过犹不及，如果肝气过旺，会对脾胃产生不良影响，而且容易动风生痰、助火助邪，导致血压升高，引发心脑血管疾病。因此高血压患者在清明时节除了保持心情舒畅之外，竹笋、芥菜、茴香、蘑菇、香菇、鹅肉、鸡翅、鸡爪、带鱼、黄鱼、鲳鱼、蚌肉、虾等食物要少食，这些食物性升浮，食之易动风升阳。以上建议同样适用于患有皮肤疮疡肿毒的人。

此时节，不妨喝一些菊花茶。菊花有清肝明目、疏散风热的功效，可治疗因肝火上亢所致的头痛、头晕以及风热之邪造成的感冒、目赤肿痛，缓解视疲劳等。常喝菊花茶还能扩张血管，增加冠脉流量，降低血压、血脂。

菊花还可与桑葚一同泡茶喝。桑葚有养血柔肝、益肾润肺的作用。需要注意的是，久服菊花，疏泄太过，又会使肝失于滋养，反倒伤肝，因此饮用菊花茶也要适量。

治疗视物模糊与目涩

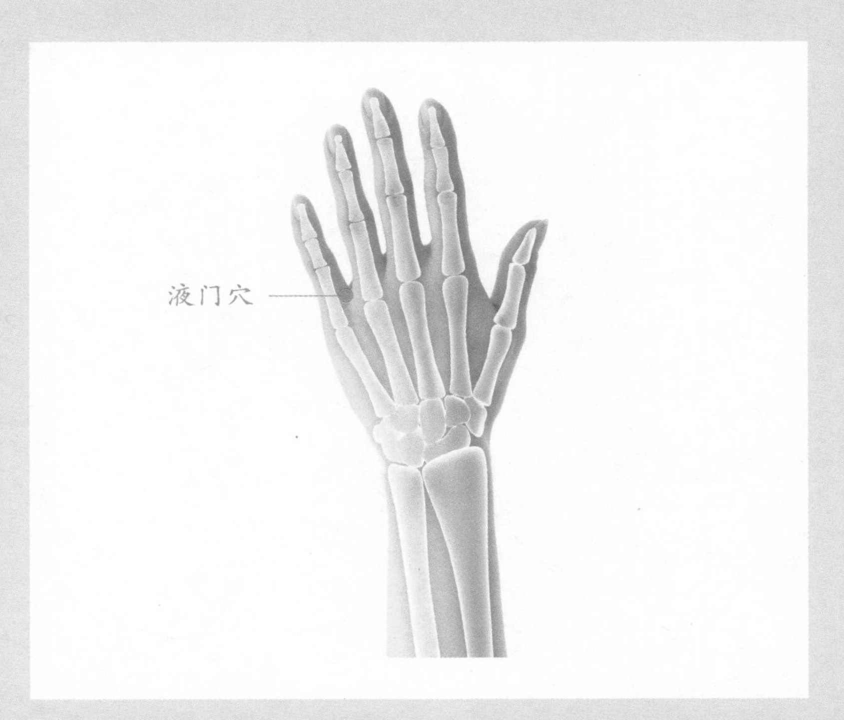

取穴及按压方法

手背向上，在无名指与小指指缝间的下方赤白肉际处，可触及一凹陷，就是液门穴。用对侧手的拇指指腹按揉。

年 第 周 月 日 — 月 日

月 日 （星期一）	
月 日 （星期二）	
月 日 （星期三）	
月 日 （星期四）	
月 日 （星期五）	

“联合国中文日”设在每年的中国农历节气“谷雨”日，以纪念“中华文字始祖”仓颉造字的贡献。据传说，轩辕黄帝的史官仓颉创造出了中国原始的象形文字。上苍因仓颉造字而感动，为其降下一场谷子雨，这就是“谷雨”的由来。谷雨也含“雨生百谷”之意，此时是播种移苗、种瓜点豆的最佳时节。

谷雨

谷雨
明·方太古

春事阑珊酒病瘳，
山家谷雨早茶收。
花前细细风双蝶，
林外时时雨一鸠。
碧海丹丘无鹤驾，
绿蓑青笠有渔舟。
尘埃漫笑浮生梦，
岘首于今薄试游。

闻香识"椿"

"雨前春芽嫩如丝，雨后椿芽生木质。"香椿的最佳食用期非常短，谷雨时节正是吃香椿的好时候。

香椿拌豆腐、香椿煎鸡蛋都是常见吃法。汪曾祺在《豆腐》一文里写道："香椿拌豆腐是拌豆腐里的上上品。嫩香椿头，芽叶未舒，颜色紫赤，嗅之香气扑鼻，入开水稍烫，梗叶转为碧绿，捞出，揉以细盐，候冷，切为碎末，与豆腐同拌（以南豆腐为佳），下香油数滴。一箸入口，三春不忘。"还有"香椿鱼"的吃法，在明代的《救荒本草》里就有记载，是用香椿挂了面糊在油里一炸，形状像鱼，放入盘内撒上椒盐即可食用，也称为"雪里椿头"，吃起来酥脆柔嫩。也可以将小黄鱼、鼓眼鱼先炸过后撕成细条，与香椿拌着吃。所有香椿美食都离不开"焯"这个环节，能激发出香椿浓郁的本味儿。香椿速冻保存前也须焯烫，研究证实，冻藏两个月后，焯烫过的香椿中维生素C含量相当于鲜品的71%，而没有烫过的只有35%。

"椿"字是"木"字和"春"字的合体，木逢春又发芽，香椿寓意着活力与生机。古人用"椿寿"比喻长寿、高龄。中医认为，香椿能补脾阳，温经脉，使气血流畅。《医林纂要》说香椿可"泄肺逆，去血中湿热。治泄泻、痢、肠风、崩、带、小便赤数"。谷雨时节，人体内的湿气较多，湿为阴邪，易损脾阳，人就会感觉到困乏，常常会有睡不醒的感觉。这个时节可以吃点香椿，为自己补补脾阳，祛祛湿气，提振精神，防止春困，改善气色。据《唐本草》记载，用香椿叶水煎，可洗疮疥，解毒止痒。

不过，民间习俗认为香椿是发物，有皮肤病或者老病根的人，还是不太建议吃香椿。

脑血管疾病的保健穴

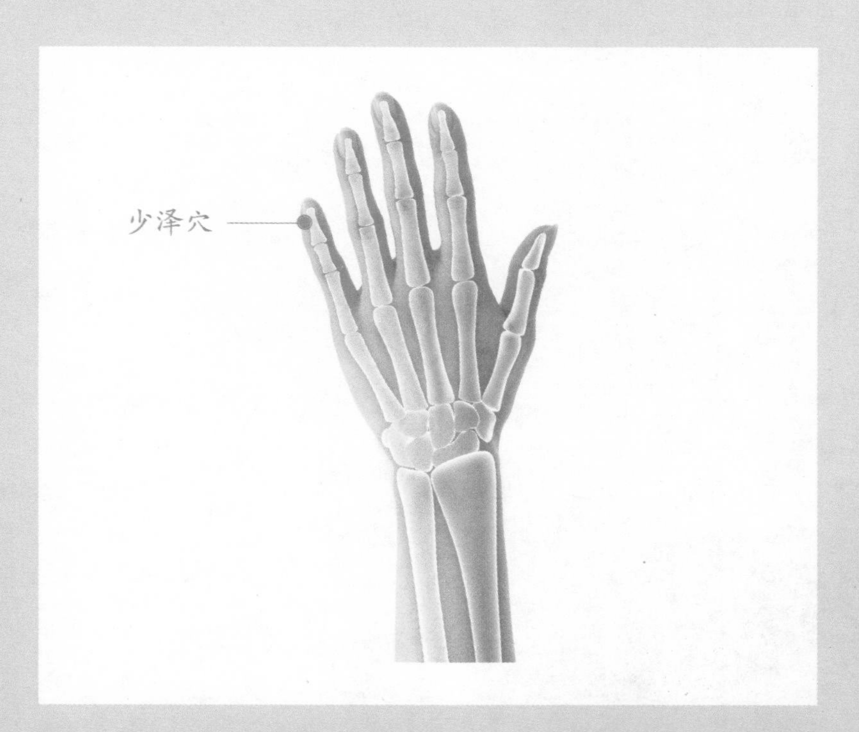

取穴及按压方法

手背向上，于小指指甲根外侧取穴，用对侧手的拇指尖稍用力按压。

年 第 周 月 日 — 月 日

月 日（星期一）

月 日（星期二）

月 日（星期三）

月 日（星期四）

月 日（星期五）

常言道：“清明连谷雨，春茶胜酒香。”“雨前茶”较“明前茶”晚 15 天左右，这一阶段气温高，芽叶生长速度较快，芽叶柔嫩，外形稍大，加上叶片内部茶多酚的含量不断增加累积，“雨前茶”多清香和栗香，滋味浓醇回甘。

谢中上人寄茶

唐·齐己

春山谷雨前，并手摘芳烟。
绿嫩难盈笼，清和易晚天。
且招邻院客，试煮落花泉。
地远劳相寄，无来又隔年。

一杯谷雨养生气

谷雨时节，是新茶采收的好时节。《茶疏》中谈到采茶时节时说：“清明太早，立夏太迟，谷雨前后，其时适中。”茶树经过冬季的休养生息，再经一春的滋养，使得谷雨茶泡起来汤色橙黄，香气浑厚，多泡仍回味绵长。清代文学家郑板桥赋诗赞曰：“不风不雨正晴和，翠竹亭亭好节柯。最爱晚凉佳客至，一壶新茗泡松萝。几枝新叶萧萧竹，数笔横皴淡淡山。正好清明连谷雨，一杯香茗坐其间。”

谷雨采茶，以独芽或一芽一嫩叶为佳，一芽两嫩叶也可。独芽茶，外形或扁平或如针，直挺，碧绿，受看。一芽一嫩叶的茶经过冲泡，叶如旗、芽似枪，如猎猎旌旗，被称为“旗枪”，正所谓“旗枪冉冉绿丛园”。一芽两嫩叶的茶泡在水里，则像一个雀类的舌头，被称为“雀舌”。

民俗认为，谷雨茶能驱腥气、防病气、养生气，一杯入喉，“通全身不畅之气”，对健康非常有益。古代医籍中也有谷雨茶“久服安心益气”“轻身耐老”的记载。谷雨时节空气中的湿度逐渐加大，潮湿的环境易让湿邪侵入人体，造成胃口不佳、身体困重不爽、头重如裹、关节肌肉酸重等症状，各类关节疾病患者更应重视。从中医角度来说，利尿是祛湿的好方法之一，而谷雨茶就有较好的利尿功效，所以谷雨时节如果连遇阴雨，不妨喝些谷雨茶来保健养生。

缓解肩颈酸痛与僵硬

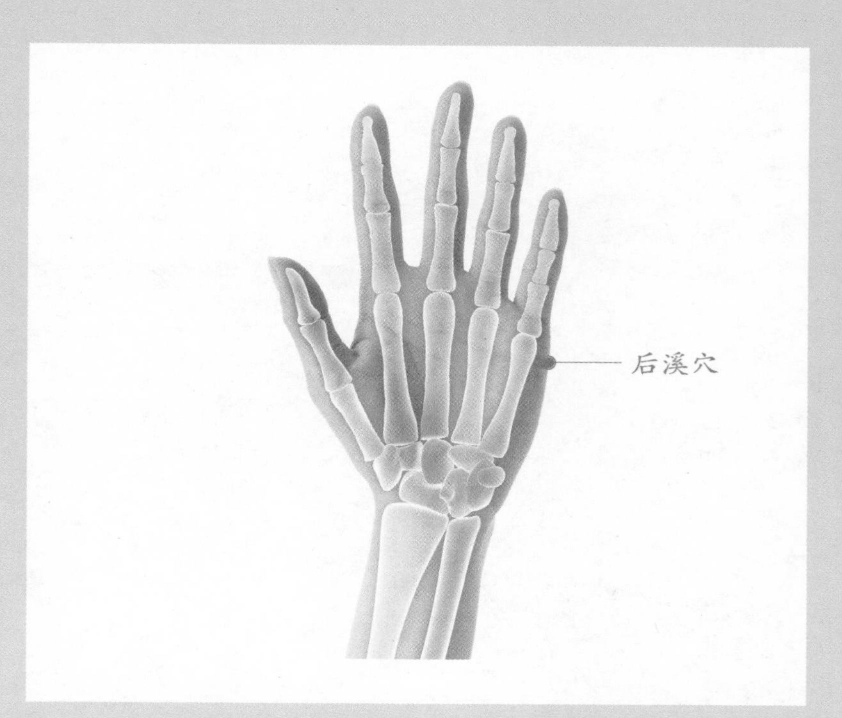

取穴及按压方法

握拳，小指侧掌横纹头赤白肉际（手掌面、背面交界线）处，可见一皮肤皱襞，其尖端就是后溪穴。用对侧手的拇指指腹或指尖按压。

SUMMER

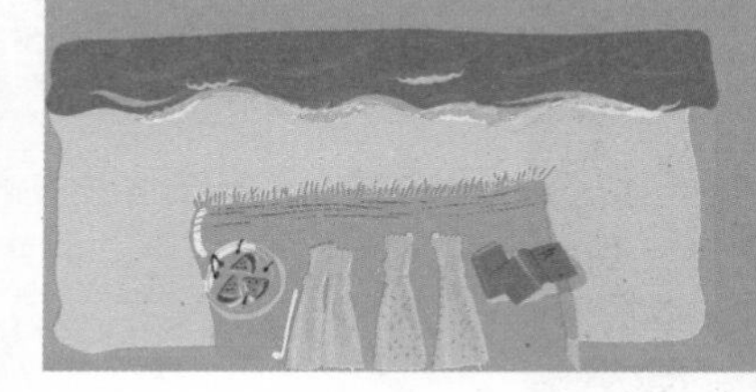

年 第 周 月 日 — 月 日

月 日（星期一）

月 日（星期二）

月 日（星期三）

月 日（星期四）

月 日（星期五）

立夏，是送走春天、迎来夏天的节气。《月令七十二候集解》中说：“立夏，四月节。立字解见春。夏，假也。物至此时皆假大也。”这里的“假”，即“长大”的意思，是说春天播种的植物到立夏时节已经直立长大了。因此立夏之时，是农事活动的重要节点。

立夏

立夏

宋·赵友直

四时天气促相催，
一夜薰风带暑来。
陇亩日长蒸翠麦，
园林雨过熟黄梅。
莺啼春去愁千缕，
蝶恋花残恨几回。
睡起南窗情思倦，
闲看槐荫满亭台。

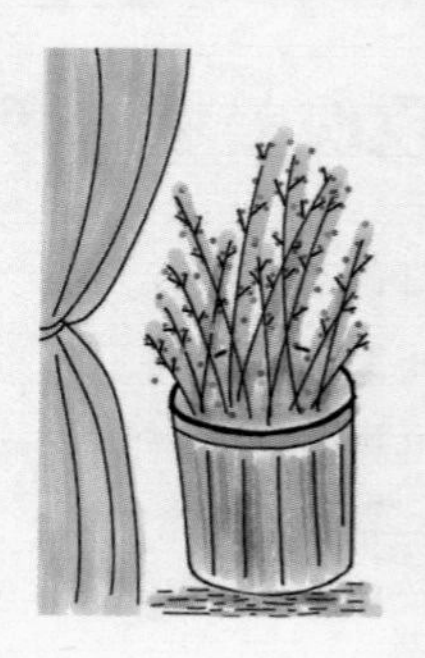

“无可奈何春去也，且将樱笋饯春归。”立夏一至，意味着明媚的春光过去了，人们未免有惜春的伤感，当备酒食为念，好似送亲朋远去，此为“饯春”。立夏是尝“新”品“鲜”的时节。江南地区有“立夏见三新”的谚语，“三新”指樱桃、青梅、麦仁、竹笋、蚕豆、鲥鱼中的三种。旧时杭州人立夏吃“三烧、五腊、九时新”。“三烧”指烧饼、烧鹅、烧酒。“五腊”指黄鱼、腊肉、盐蛋、海狮（螺）、清明狗（糕点）。“九时新”指玫瑰花、樱桃、梅子、鲥鱼、蚕豆、苋菜、黄豆笋、乌饭糕、莴苣笋。

玫瑰姜枣糖膏

材料

生姜… 2000 克
红糖… 500 克
红枣… 500 克
玫瑰花…适量

做法

❶ 将生姜去皮、洗净，用料理机打碎，纱布过滤取汁去渣，备用。
❷ 将红枣清洗干净，去核，用少量清水稍做浸泡。
❸ 将浸泡过的红枣控水，与姜汁混合后加入料理机中打成姜枣泥。
❹ 在姜枣泥中加入红糖，入锅中用小火慢熬，熬制成浓稠状态即可。
❺ 关火，加入玫瑰花，搅拌均匀，趁热装瓶，放凉后密封冷藏。

用法及功效

每日清晨取 1~2 勺，热水冲饮，具有温阳化湿、理气活血、美容养颜的功效，也符合中医“春夏养阳”的养生宗旨。立夏时节正是玫瑰花盛开的时期。《本草正义》说：“玫瑰花，香气最浓，清而不浊，和而不猛，柔肝醒胃，疏气活血，宣通窒滞而绝无辛温刚燥之弊。断推气分药之中最有捷效而最为驯良者，芳香诸品，殆无其匹。” 注意：女性朋友经期停服。

抗衰养颜，改善脑供血

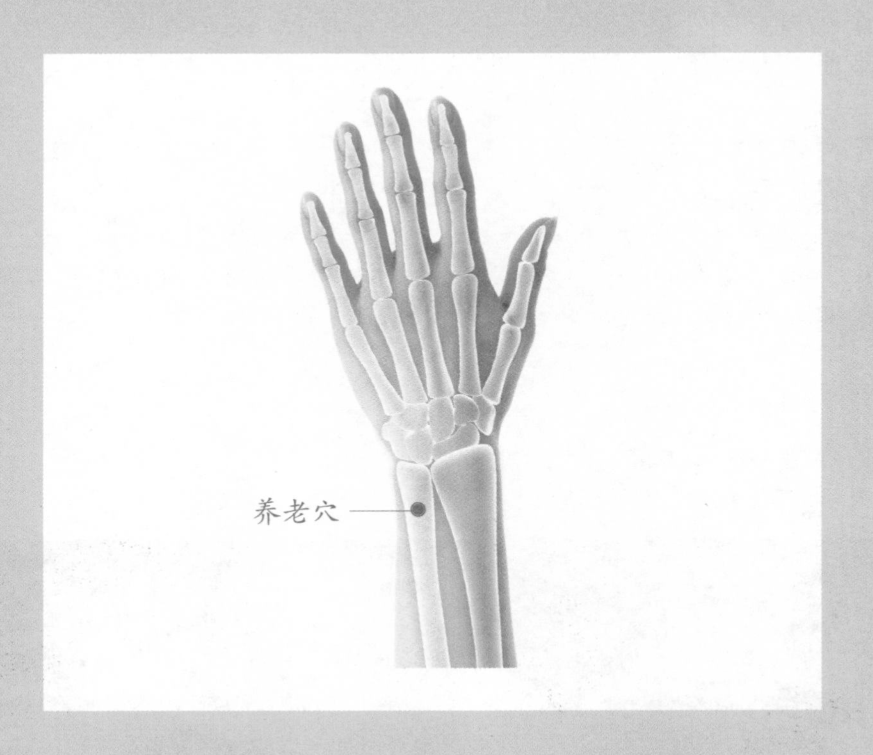

取穴及按压方法

穴位位于手腕背侧下方的小指侧，尺骨小头（凸起的圆骨）后方凹陷处。用对侧手的食指指腹按揉。

年 第　周　月　日 — 月　日

月　日
（星期一）

月　日
（星期二）

月　日
（星期三）

月　日
（星期四）

月　日
（星期五）

立夏之日，有“吃蛋拄（支撑）心，吃笋拄腿，吃豌豆拄眼，称体重拄身”的民俗，以此祈求身、眼、心、腿等重要部位健康无恙，度过炎夏。旧时称体重时司秤人还要口颂吉利话，如称小孩时说“秤花一打二十三，小官人长大会出山；七品县官勿犯难，三公九卿也好攀”；称姑娘时说“一百零五斤，员外人家找上门；勿肯勿肯偏勿肯，状元公子有缘分”；称老人时说“秤花八十七，活到九十一”。

初夏

宋·陆游

纷纷红紫已成尘，
布谷声中夏令新。
夹路桑麻行不尽，
始知身是太平人。

中医认为，夏季属火，火气通于心。夏季炎热，人们很容易“心火旺”，会产生心烦意乱、无精打采、失眠、食欲不振、口腔溃疡等表现。“汗”为心之液，汗多易耗伤心气，而夏季人们更容易出汗，血液黏稠度增加，这些都会导致心血管疾病的发生，所以养心是夏季保健的核心。人们要及时调整自己的生活节奏，保证充足的睡眠，舒展心情，控制情绪，保养心神。

要适时补充水分，樱桃、西瓜、草莓、蓝莓、桑葚等都是理想的食材，中医认为它们具有养心安神、滋阴降火的作用。心火过旺，烦躁不眠的人，可以用莲子心、甘草泡水喝：莲子心2克，甘草3克，以开水冲泡，每日代茶饮。

中医认为心与小肠相表里。心火旺，小肠积热，就会出现小便黄赤，大便秘结，口舌生疮，舌红苔黄等。可取竹叶3克，麦冬5克，金银花3克，用开水冲泡，代茶饮。

平时心功能不好，气虚乏力者，可以用西洋参3克，麦冬5克，用开水冲泡，代茶饮，或加入适量的龙眼、莲子、小枣、小米、冰糖熬粥喝。

中医认为，心火能够克肺金，而辛味归肺经，所以在夏季，尽管天气热，人们（尤其是患有慢性呼吸系统疾病的人）可以适当吃些辛味的东西，如辣一些的萝卜，以及生姜、葱白、蒜等，它们具有发散、行气、活血、通窍、化湿等功用。民谚说，“冬吃萝卜夏吃姜，不劳郎中开药方”，也就是这个道理。

心血管疾病的保健穴

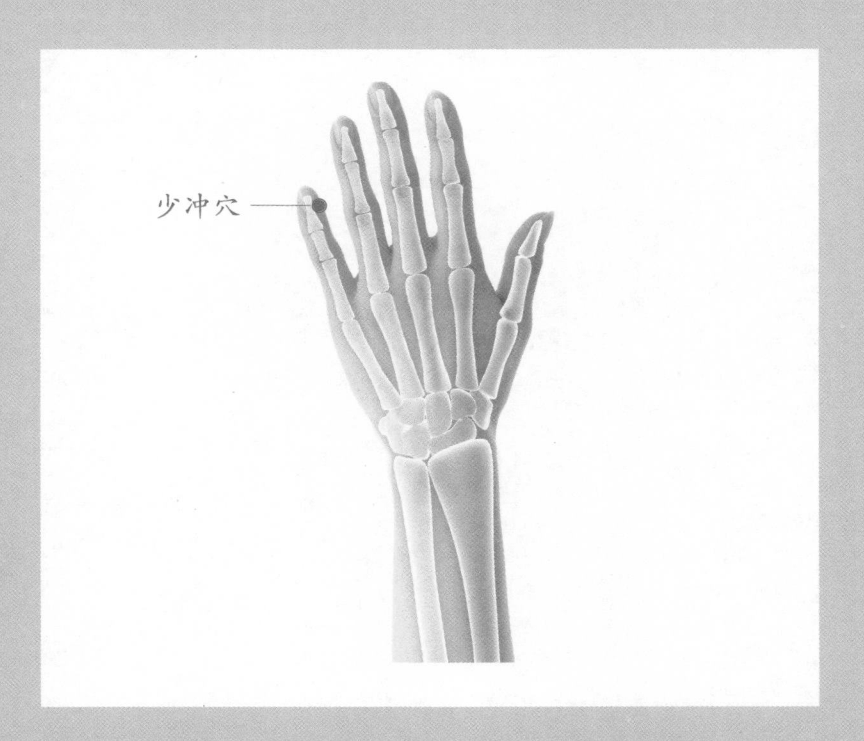

取穴及按压方法

手背向上，于小指指甲根的无名指一侧取穴。用对侧手的拇指尖稍用力按压。

年 第 周 月 日 — 月 日

月 日（星期一）

月 日（星期二）

月 日（星期三）

月 日（星期四）

月 日（星期五）

小满，意思是夏熟作物的籽粒开始灌浆饱满，但还未成熟。《月令七十二候集解》载："小满，四月中。小满者，物致于此小得盈满。"小满节气后无大满，"满则覆"，这也是古人"中则正"的智慧，既表达收获在即的喜悦，也强调为人处事要遵循"天道忌满"的自然法则。《尚书》里说："满招损，谦受益，时乃天道。"《易经》里说："天道亏盈而益谦。"

小满

小满

宋·欧阳修

夜莺啼绿柳，
皓月醒长空。
最爱垄头麦，
迎风笑落红。

“湿”是贯穿于整个夏季的。“小满小满，江满河满”。小满节气过后，雨水增多，天气闷热潮湿，人体在体温调节方面会出现障碍，容易受到湿邪的侵袭，进而产生胸胁胀满、喘懑、心烦、食欲不振、全身困乏、皮肤湿疹等症状。饮食调养宜清淡，常吃具有清利湿热作用的食物，如冬瓜、丝瓜、黄瓜、山药、水芹、绿豆、红豆、薏米、芡实、蛤蜊、鸭肉等。蛤蜊冬瓜汤、薏米红豆粥、山药芡实薏米粥、瓜白老鸭汤等都是祛湿的食疗佳品。

明代著名养生学家高濂在《遵生八笺》中记载了“小满四月坐功”，大家可参照练习：每日清晨5时~7时，端坐，两手心在胸前膻中穴（两乳头连线的中点）处上下相合，左手手心向上用力托举，右手手心向下用力下按，保持3~5分钟，再左右手互换位置如前做一次，如此重复3~5次。然后牙齿叩动36次，平稳呼吸，津液徐徐咽下，意守丹田，重复做9次。此功法对于治疗火毒湿邪郁积脾肺引起的胸闷、气喘、心烦、倦怠、腹胀、便溏等有很好的辅助功效。

茯苓粥

做法

取白茯苓粉(可在中药店加工)30克，粳米30克，红枣7个。先把粳米加适量水煮沸几次，然后放入红枣，粥成时再加入白茯苓粉，搅匀，稍煮即可。

功效

此粥具有健脾利湿的作用。在湿度较大的地区，白茯苓可作为重要的食疗药材。薏米偏凉性，因此寒湿体质的人不适合长期吃薏米，可以喝点茯苓粥。茯苓是寄生在松树根上的真菌茯苓的干燥菌核，有渗湿利水、健脾和胃、宁心安神的功效。据使用部位的不同，茯苓又分为茯苓皮、赤茯苓、白茯苓、茯神木等。白茯苓渗湿健脾之效更强，炮制时常被切成小方块，故亦称茯苓块。

止呕、止胃痛

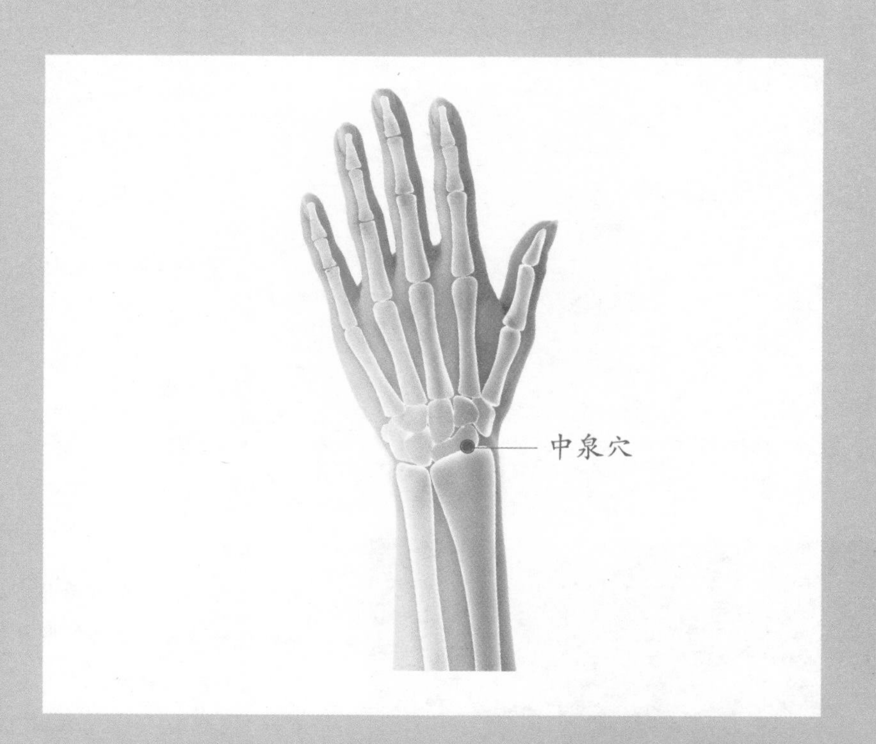

取穴及按压方法

手背向上，把手腕横纹四等分，于靠近拇指一侧的 1/4 处取穴，此处可触及凹陷，即为中泉穴。用对侧手的拇指指腹用力按揉。

年 第　周　月　日 — 月　日

月　日
（星期一）

月　日
（星期二）

月　日
（星期三）

月　日
（星期四）

月　日
（星期五）

《礼记纂言》云：“小满之日苦菜秀。”苦菜有清热、凉血和解毒的功效，小满时节吃苦菜有迎夏祛病的意思。李时珍称苦菜为“天香菜”，在《本草纲目》中引《洞天保生录》之语称：“夏三月宜食苦，能益心和血通气也。”“小满动三车”，小满吃苦菜，也预示着农人即将开始辛苦劳作，憧憬丰收的一年，正所谓“苦尽甘来”。

小满

唐・刘长卿

昨夜玉盘沉大江，
夜来忽梦荠麦香。
时人但只餐中饱，
莫忘旧时苦菜黄。

小满时节，养生重在清补。我国自古就有“吃苦度夏”之说。中医学认为，凡有苦味的蔬菜，大多具有清热的作用，而且苦味入心经，有降泄心火的作用，心火去而神自安，因此夏季要经常吃些苦瓜、丝瓜、苦菜、油麦菜、莴笋、芹菜等苦味菜，或者绿豆粥、莲子粥、荷叶粥、柠檬茶等。苦瓜炒蛋、苦瓜镶肉都是夏季清补的佳肴。

苦瓜黄豆排骨汤

材料

排骨…400克

苦瓜…200克

黄豆…50克

蜜枣…2颗

生姜…1片

盐…适量

做法

❶ 将黄豆清洗后浸泡1小时备用；将苦瓜清洗干净，去瓜瓤和籽后切成块状备用。

❷ 将猪排骨在开水中（放1片生姜帮助去腥）飞水后洗净备用。

❸ 将猪排骨、黄豆、蜜枣放入锅内，加适量水，先大火煮开后，再转小火煮60分钟左右，至黄豆基本软烂。

❹ 将苦瓜倒入煮到快熟的排骨黄豆汤中，煮开后转小火再煮30分钟，加盐调味，即可食用。

功效

此汤具有清热润燥、健脾养阴的作用。苦瓜瓜面起皱纹，似荔枝，故又称锦荔枝，能清心明目、利尿凉血，再加上滋阴润燥、益精补血的排骨，宽中下气的黄豆，补肺润燥的蜜枣，使得此汤成为一道夏季清补佳品。吃苦瓜以其色青未黄熟时才好吃，更取其清热消暑的功效。将苦瓜切片，晒干贮存，此即治暑天感冒之苦瓜干。燥热的夏天，在脸上敷上冰过的苦瓜片，能提神醒脑，清洁肌肤，防治青春痘。苦瓜煮水擦洗皮肤，可清热、止痒、祛痱。苦瓜还有减脂降糖、防癌抗癌的作用。苦瓜有一种“不传己苦与他物”的特点，就是与任何菜如鱼、肉等同炒同煮，绝不会把苦味传给对方，不抢味，不染味，独善其中，颇有谦谦君子之风，被誉为“君子菜”。不过，苦瓜含奎宁，会刺激子宫收缩，容易引起流产，因此孕妇慎食。苦瓜性寒，脾虚胃寒者不应生吃。

改善心肌供血，缓解心绞痛与胃痛

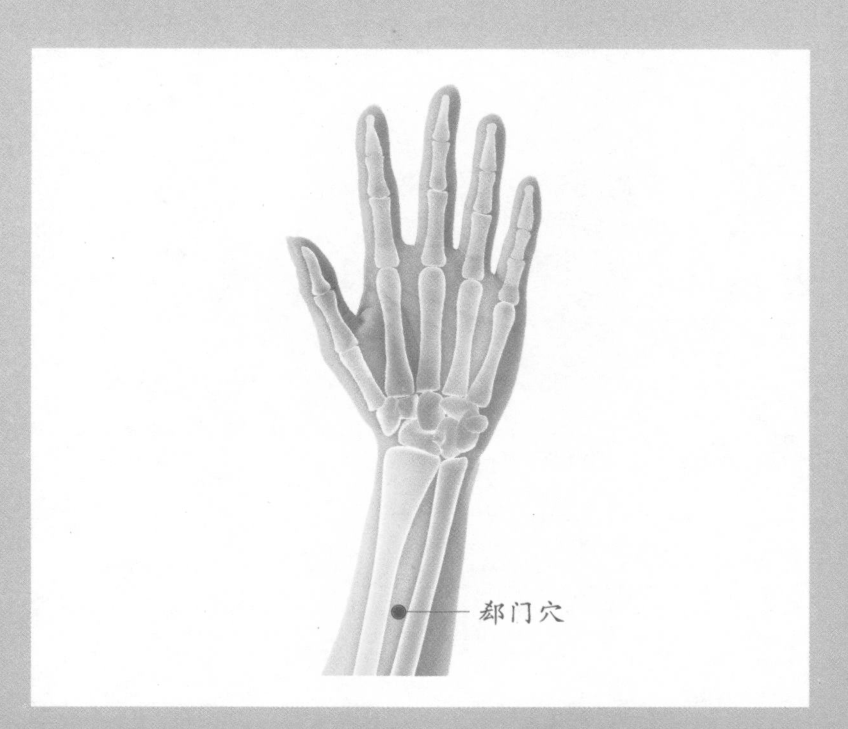

取穴及按压方法

前臂肘横纹与腕横纹的中点，再向手心方向推一横指，两条大筋之间，就是郄门穴。用对侧手的拇指尖按压。

年 第 周 月 日 — 月 日

月 日
（星期一）

月 日
（星期二）

月 日
（星期三）

月 日
（星期四）

月 日
（星期五）

“芒种”一词最早出自《周礼》：“泽草所生，种之芒种。”意思是泽草丛生的地方可种庄稼。“芒种”用到节气上，意指大麦、小麦等有芒作物的种子已经成熟，抢收十分急迫，而水稻、玉米等夏播作物正处于播种最忙的时节。芒种的两头，一头连着收，一头连着种。“田家少闲月，五月人倍忙”，人们又把这个时期称为“双抢”。

芒种

时雨

宋·陆游

时雨及芒种，四野皆插秧。
家家麦饭美，处处菱歌长。
老我成惰农，永日付竹床。
衰发短不栉，爱此一雨凉。
庭木集奇声，架藤发幽香。
莺衣湿不去，劝我持一觞。
即今幸无事，际海皆农桑。
野老固不穷，击壤歌虞唐。

芸豆卷

芸豆卷是北京地区传统名点，有健脾益气，排湿化浊的功效。芸豆卷的做法并不复杂。取白芸豆适量，浸泡一夜后去皮，上锅蒸至软烂，碾成泥过细筛。将过筛后的豆泥擀成长方形厚约 2 毫米的薄片，再将红豆沙均匀地抹在豆泥上，然后像卷寿司一样卷起来，切段即可。

芒种时节，气温显著升高，乍雨乍晴，特别是我国长江中下游地区进入了阴雨绵绵的梅雨时节。天暑下迫，地湿上蒸，此时节空气非常潮湿，天气十分闷热，各种物品容易发霉，蚊虫孳生，极易传播疾病，也是一些妇科病、湿疹、汗疱疹、关节炎等疾病容易复发的时期。俗话说："芒种夏至天，走路要人牵；牵的要人拉，拉的要人推。"湿气的性质是重浊的，会影响我们人体气的运行，伤及阳气，容易出现头昏、嗜睡、精神萎靡、肢体困重乏力、食欲减退、腹胀、腹泻等中医说的"疰夏"表现（民间俗称为"苦夏"）。每年夏天都容易发生"疰夏"的人，可以在湿热熏蒸的芒种季节适当服用藿香正气水，能有效预防"疰夏"的发生。

芒种时节的调养原则就是清淡存津、健脾开胃、祛暑化湿。各种夏季时令瓜果蔬菜都适合这个时节搭配饮食，特别是丝瓜、冬瓜、苦瓜、黄瓜等瓜果类蔬菜适合多种烹饪手段处理后食用。如，《随息居饮食谱》中说冬瓜能"清热，养胃，生津，涤秽，除烦，消痈，行水。治胀满、泻痢、霍乱，解鱼、酒等毒"。

另外，扁豆、白芸豆、红豆、绿豆、薏米、山药等也都是排湿化浊的好食材。

止泻、止腹痛

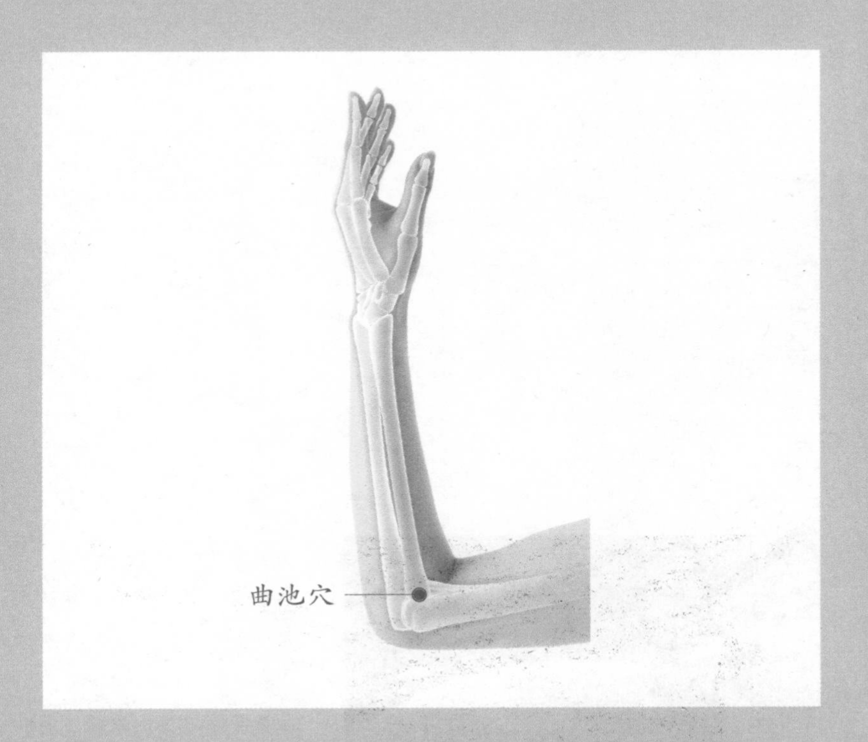

取穴及按压方法

屈肘成直角，肘横纹外侧尽头处取穴。将对侧手的拇指指腹放在穴位处，沿着骨的边缘凹陷处稍用力按揉。

年 第 周 月 日 — 月 日

月 日 （星期一）	
月 日 （星期二）	
月 日 （星期三）	
月 日 （星期四）	
月 日 （星期五）	

农历五月初五是端午节，一般在芒种节气前后。这一天，民间习俗除了吃粽子、赛龙舟外，还有插艾叶、涂雄黄酒、佩香囊、挂菖蒲等习俗。农历五月，天气湿热，为蚊虫、苍蝇等的繁殖和病菌的滋生提供了有利条件，故又被称为“恶月”或“百毒月”。而上述习俗都含有防疫祛病、避瘟驱毒、祈求身体安康的寓意，因此端午节又是一个“卫生节”。

竞渡诗 / 及第后江宁观竞渡寄袁州刺史成应元

唐·卢肇

石溪久住思端午，
馆驿楼前看发机。
鼙鼓动时雷隐隐，
兽头凌处雪微微。
冲波突出人齐譀，
跃浪争先鸟退飞。
向道是龙刚不信，
果然夺得锦标归。

历代医家认为，粥是夏季保健佳品，可将绿豆、扁豆、莲子、荷叶、芦根、芡实、丝瓜等加入粳米中煮粥，如莲子芡实荷叶粥、丝瓜粥等，有健脾胃、祛暑热的功效。

丝瓜粥

材料

鲜丝瓜…1 条
粳米…100 克
白糖…少许

做法

❶ 将鲜丝瓜去皮和瓤，切成长 2 厘米、厚 1 厘米的块，放入锅内。

❷ 将粳米淘洗干净后放入锅内，加入适量清水，置武火上煮沸，再用文火煮熟成粥，加入白糖即成。

鲜丝瓜嫩者可不去瓤，直接切块做粥。

功效

具有清热利湿、凉血通络、滋润肌肤之效。宋朝诗人杜汝能在《丝瓜》中云："寂寥篱户入泉声，不见山客亦自清。数日雨晴秋草长，丝瓜沿上瓦墙生。"据《中药大辞典》记载，丝瓜可治身热烦渴、痰喘咳嗽、肠风痔漏、崩漏带下、血淋、乳汁不通、痈肿等。用丝瓜治疗常见病的简便验方如下：

❶ 治饮酒或吃辣后痔疮出血：鲜丝瓜 120 克（洗净切块），槐花 12 克，加水煎成 400 毫升，日分 2 次温服。

❷ 治痰热咳嗽：鲜丝瓜 120 克，加水煎取汤汁 500 毫升，然后在汤汁中加入鱼腥草 10 克，再煎 5 分钟，过滤取汁，日分 2 次温服。

❸ 治月经不调：丝瓜子焙干，用水煎后加红糖适量，冲黄酒温服（睡前）。

此外，割取粗老丝瓜藤约 60 厘米，洗去藤上的尘土，放入空的阔口玻璃瓶中，置阴凉处，次日即可取得 100 ~ 200 毫升的浅绿色汁液，民间称之为"天萝水"，有很好的清热化痰、解酒和美容的作用。

日本明治时代的著名俳人正冈子规，在去世的前一日，写下关于"丝瓜"的千古绝唱——"浓痰壅塞命如丝，正值丝瓜初开时""清凉纵如丝瓜汁，难疗喉头一斗痰""前日丝瓜正鲜嫩，忘取清液疗病身"。平淡当中的忧伤，传达出其对人生苦短的悲悯。

防治痔疮，治疗便秘

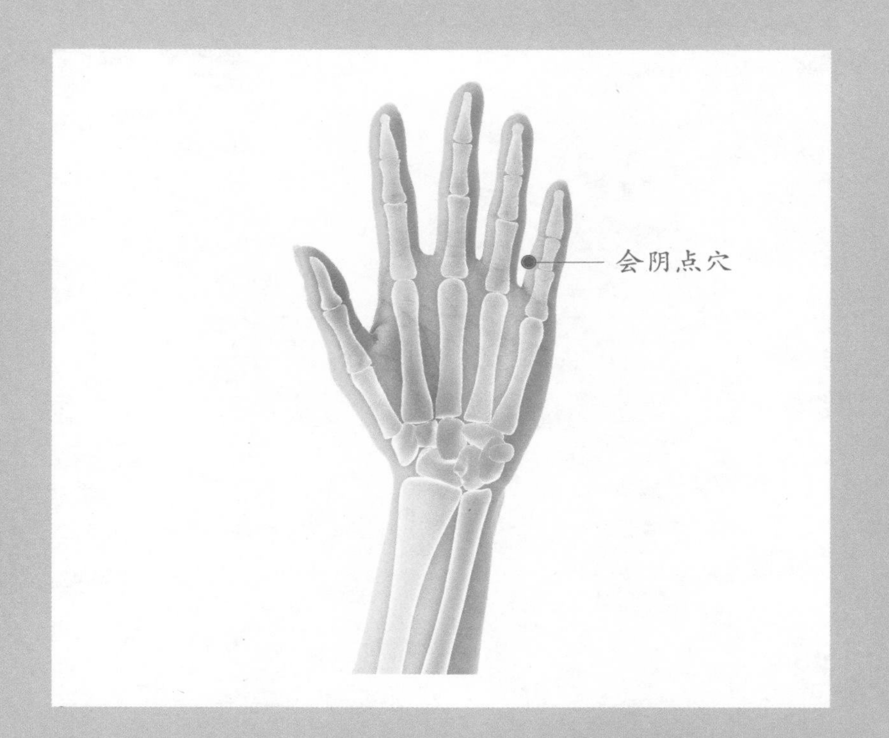

取穴及按压方法

掌心向上，于小指第二关节的无名指侧取穴。用对侧手的拇指和食指夹住关节两侧，稍用力按压。

年 第　周　月　日 — 月　日

月　日（星期一）	
月　日（星期二）	
月　日（星期三）	
月　日（星期四）	
月　日（星期五）	

夏至日，是北半球一年中白昼最长的一天。《恪遵宪度抄本》中记载："日北至，日长之至，日影短至，故曰夏至。至者，极也。""夏至一阴生"，重视阴阳的古人对夏至非常重视。《帝京岁时纪胜》中说："夏至大祀方泽，乃国之大典。"此时正是麦收的时节，人们吃面品尝新麦，并以面食敬神。

夏至

夏至避暑北池

唐·韦应物

昼晷已云极，宵漏自此长。
未及施政教，所忧变炎凉。
公门日多暇，是月农稍忙。
高居念田里，苦热安可当。
亭午息群物，独游爱方塘。
门闭阴寂寂，城高树苍苍。
绿筠尚含粉，圆荷始散芳。
于焉洒烦抱，可以对华觞。

“冬至饺子夏至面”，说的是我国很多地区的民俗。《帝京岁时纪胜》中记载，夏至日“家家俱食冷淘面”。“冷淘面”，就是“过水面”。

过水面的做法很简单：将面和水揉成面团，擀成薄面皮，再切成半粗面条，煮透心后捞入凉开水中，浸约3分钟后沥出，拌上自己喜食的调料或蔬菜，如黄瓜、豆芽、笋丝、腌春芽、芝麻酱、香醋等。

从中医的角度讲，在阳极阴生的夏至时节，人特别容易烦躁，而性味甘凉的面食，具有清心除烦的作用。过水面去除了面食煮制过程中附加的热性，给面食增添了阴凉的成分，却又不过分寒凉，很符合夏至护阳养阴的需要。

延吉冷面

材料

干冷面、熟牛肉、辣白菜、黄瓜、梨、苹果、鸡蛋、芝麻、生抽、白糖、白米醋、雪碧、盐

做法

将干冷面用水浸泡20分钟，用手将其搓散。将牛肉煮好，汤汁备用。煮鸡蛋，凉透后剥皮对切。将西红柿切片，黄瓜切丝，牛肉切片，辣白菜切丝，梨切丝，苹果切丝。在碗中加入生抽2勺、白糖2勺、白米醋3勺，雪碧、盐适量，再加入煮牛肉的汤，制成冷面汁，放入冰箱冷藏。把水烧开，下冷面，边煮边用筷子把面条搅散，煮到冷面透明后将其捞出过凉开水，然后沥干水分，装入碗中，再放上鸡蛋、西红柿等切好的配料和冰镇的冷面汁，撒上芝麻即可。

治疗冠心病与心律失常，改善睡眠

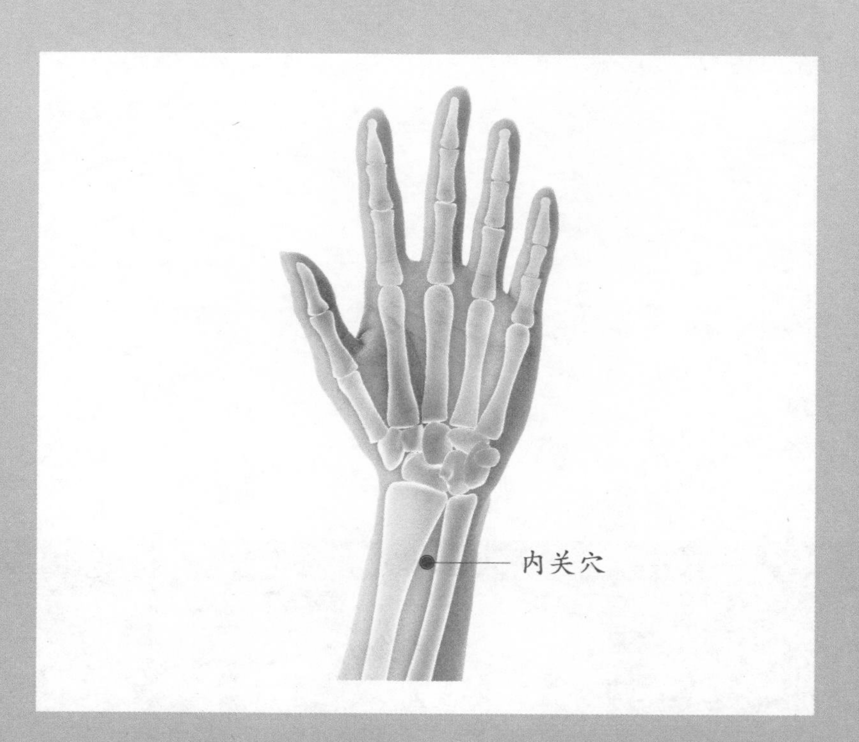

取穴及按压方法

掌心向上，手腕横纹的中央向上两横指宽处取穴，内关穴就在两条筋的中间。用对侧手的拇指尖按压。

年 第 周 月 日 — 月 日

月 日
（星期一）

月 日
（星期二）

月 日
（星期三）

月 日
（星期四）

月 日
（星期五）

夏至日，阳气盛极，阴气初始，此后阴阳盛衰开始转换。顺应就是对身体最好的养护，使阴阳得以保持平衡，因此要合理作息，顺阳护阴。《黄帝内经》曰：“阴气者，静则神藏，躁则消亡。”即宁神则藏而养阴。夏至时节，阴气初生，更当静心安神。

夏至

宋·张耒

长养功已极，
大运忽云迁。
人间漫未知，
微阴生九原。
杀生忽更柄，
寒暑将成年。
崔巍干云树，
安得保芳鲜。
几微物所忽，
渐进理必然。
韪哉观化子，
默坐付忘言。

邱处机在《摄生消息论》中谈到夏至时节保养的心得："调息静心，常如冰雪在心，炎热亦于吾心少减，不可以热为热，更生热矣。"这就是"心静自然凉"吧。

说到此时节清心消暑的佳品，大家自然会想到西瓜。杜甫称之为"落刃嚼冰霜，开怀慰枯槁"。西瓜性寒，解暑热，按李时珍引民谚的说法，在暑热天气中食之有"醍醐灌顶，甘露洒心"之感。

在中医学中西瓜皮也能入药，称为西瓜翠衣，煎饮代茶，可治暑热烦渴、水肿、口舌生疮、中暑以及秋冬因气候干燥引起的咽喉干痛、烦咳不止等。把白白的瓜皮部分切出来，炒或凉拌，也是一道夏日消暑美味。

《孙真人卫生歌注释》载："盛暑之时，伏阴在内，腐化稍迟，瓜果园蔬，多将生痰，冰水桂浆，生冷相值，克化尤难。"意思是说，夏天天气炎热，阳气都跑到外面"晒太阳"了，那么阴气自然就会"镇守"在体内，这个时候如果过食生冷的瓜果蔬菜，就容易使寒湿阴邪滞留在体内，从而导致脾胃功能受损。因此夏季饮食虽然重在消暑，但也不可贪凉。

西瓜鲜奶凉粉

材料

牛奶…300 毫升

西瓜…200 克

洋菜（石花菜）…15 克

冰糖…25 克

做法

❶ 在锅中加入适量水，将一半冰糖和洋菜熬煮融化，过滤残渣后备用。

❷ 在做法❶制成的液体中加入鲜奶，煮开，放入另一半冰糖，搅拌融化。

❸ 将做法❷制成的液体倒入模具中，放入冰箱制成凉粉备用。

❹ 食用时，将西瓜切成小块，加入凉粉混合即可，也可以放上几片薄荷叶或藿香叶。

功效

清心除烦，解热消暑。

清心除烦，治疗口疮与口臭

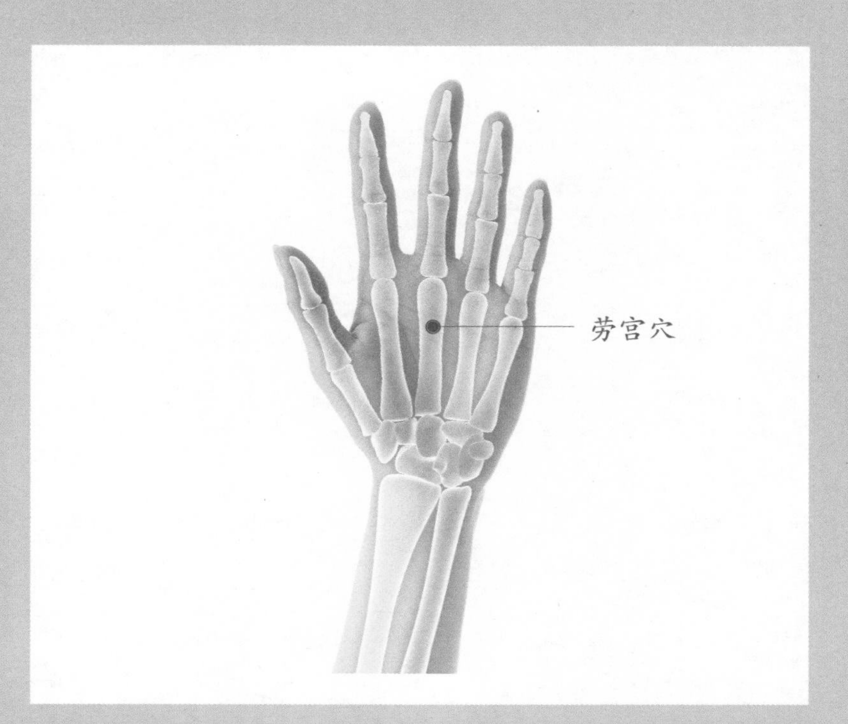

取穴及按压方法

穴位位于手掌心。微微握拳，中指尖触及之处，就是劳宫穴。用对侧手的拇指指腹按揉。

年 第 周 月 日 — 月 日

月 日
（星期一）

月 日
（星期二）

月 日
（星期三）

月 日
（星期四）

月 日
（星期五）

小暑，《月令七十二候集解》说：“就热之中，分为大小，月初为小，月中为大，今则热气犹小也。”小暑，顾名思义，是说天气已相当炎热，但还不到最热的时期。俗谚说，“小暑过，一日热三分”，意思便是指小暑过后，天气还会一天比一天炎热。

小暑

和答曾敬之秘书见招能赋堂烹茶二首二

宋·晁补之

一碗分来百越春，
玉溪小暑却宜人。
红尘它日同回首，
能赋堂中偶坐身。

一般来说，当室温在8~18℃时，人体就会向外界散热，加上室内微风吹拂流通，室内相对湿度在40%~60%之间，人们会感到身体舒适。当温度达到28℃、相对湿度达到90%时，人就会有气温达34℃的感觉。这是因为湿度大时，空气中的水汽含量高，蒸发量少，人体排泄的大量汗液难以蒸发，体内的热量无法畅快地散发，人就会感到闷热。仅仅从相对湿度来讲，人体最适宜的空气相对湿度是45%~65%。在这个湿度范围内，人体会感觉皮肤舒适，呼吸均匀正常。湿度高于65%会使人体呼吸系统产生不适，免疫力下降。

测一测，你是否属于下述“湿气重”的体质——

❶ 伸出舌头，舌苔表面有白白厚厚的一层，感觉黏腻；
❷ 睡眠质量还可以，也没怎么熬夜，睡眠时间也够，但总犯困；
❸ 身体没力气，周身懒散，不爱动，觉得胳膊腿发沉；
❹ 再丰盛的菜肴也勾不起食欲来；
❺ 皮肤忽然开始长小水疱，出现湿疹；
❻ 大便稀，不成形，很黏；
❼ 稍微活动一下就出汗。

芦根麦冬饮

材料

干芦根…30克（鲜品100克）
麦冬…10克

做法

将上述材料用沸水冲泡或煎汤，代茶饮。

功效

具有清热、生津、利尿的功效。可作为消暑茶饮，也可以加入蜂蜜调匀，置入冰箱中，制成冷饮，清凉爽口、甘而不腻。本茶饮特别适合冠心病、高血压病、糖尿病人群夏季饮用。

糖尿病患者的保健穴

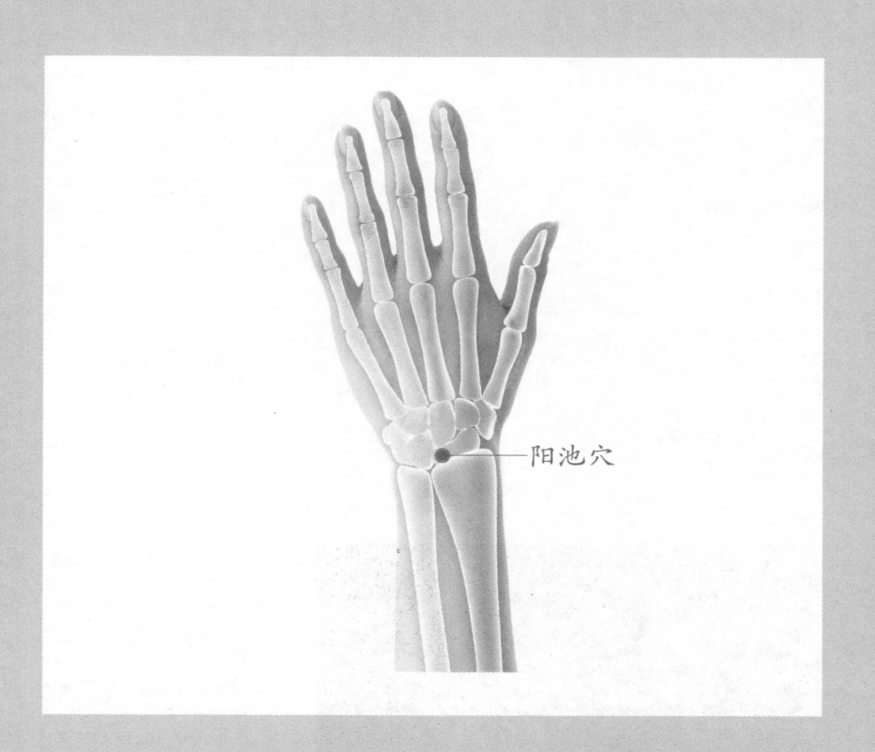

取穴及按压方法

手背向上，于手腕上折时出现的横纹中央凹陷处取穴。用对侧手的拇指指腹按揉。

年 第　周　月　日 — 月　日

月　日 （星期一）	☼ ☂ ☁ ≋ ❄ ☾
月　日 （星期二）	☼ ☂ ☁ ≋ ❄ ☾
月　日 （星期三）	☼ ☂ ☁ ≋ ❄ ☾
月　日 （星期四）	☼ ☂ ☁ ≋ ❄ ☾
月　日 （星期五）	☼ ☂ ☁ ≋ ❄ ☾

“暑”字，烈“日”当空，底下的“者”无论指代人还是物，都无法躲避似火的骄阳。东汉刘熙的训诂书《释名》解释暑字，则说暑是煮——大地如一锅煮开之水，热水沸腾如在煮物。清人段玉裁从中医的角度认为，暑是湿，热是燥，阳光之燥引燃地热蒸腾而上，湿气弥漫而为暑。

夏日

清·乔远炳

薰风愠解引新凉，
小暑神清夏日长。
断续蝉声传远树，
呢喃燕语倚雕梁。
眠摊薤簟千纹滑，
座接花茵一院香。
雪藕冰桃情自适，
无烦珍重碧筒尝。

盛夏里，最解暑的莫过于一碗清凉的绿豆汤。有人会问，自己煮的绿豆汤为什么是红色的呢？这是因为绿豆皮中含有的多酚类化合物，容易在熬煮的过程中被氧化而变色，如果当地的水质呈碱性（如北方很多地区），会加速多酚类物质的氧化，使汤液变红。绿豆汤的烹煮时间和所使用的锅具也会影响绿豆汤氧化的程度。

绿豆汤消暑的功效源于绿豆中的多酚类物质。红色绿豆汤中的多酚类物质被氧化、破坏，消暑的效果大打折扣。因此煮绿豆汤时，最好使用纯净水，也可以在自来水中添加少量的柠檬汁或白醋中和水质的碱性。要使用非铁质容器煮绿豆，熬汤时要盖上锅盖，减少绿豆与氧气的接触。

煮绿豆汤的时间也有讲究。《遵生八笺》一书在提到绿豆汤时说："将绿豆淘净下锅，加水，大火一滚，取汤停冷，色碧，食之解暑。如多滚则色浊，不堪食矣。"就是说绿豆汤的煮制时间不宜过长。绿豆冷水下锅，大火煮沸后，再煮5~6分钟即可。这时熬出的绿豆汤，汤清色绿，清热解暑功效显著。但此时的绿豆还没有烂，只喝汤不吃豆，余下的绿豆再加水，熬煮至绿豆开花即可。

可以将洗净的绿豆放入自封袋、保鲜袋或乐扣盒中，倒入少量清水密封后冷冻成块备用。冷冻过的绿豆更易破皮煮烂。

绿豆银花茶

取绿豆100克、金银花30克，加水适量，煮10分钟左右即可。绿豆银花茶具有很好的清暑热、解湿毒的作用。也可以加入冰糖，制作成夏季家庭常备凉茶。此方对夏季感冒、肠炎以及皮肤疮疡、湿疹有防治作用。

调节心律，消除烦躁情绪

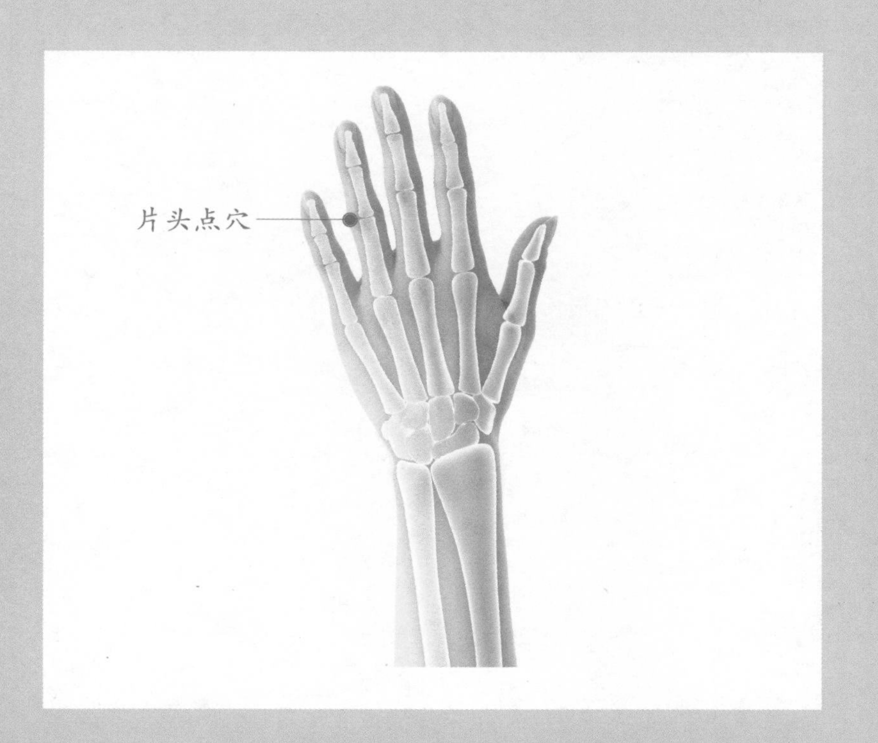

取穴及按压方法

手背向上，无名指第二关节的小指侧便是穴位。用对侧手的拇指和食指夹住关节两侧，稍用力按压。

年 第 周 月 日 — 月 日

月 日
（星期一）

月 日
（星期二）

月 日
（星期三）

月 日
（星期四）

月 日
（星期五）

“冷在三九，热在中伏”，大暑时节一般处在三伏里的中伏阶段，是一年中气温最高的时期。俗话说，“小暑不算热，大暑三伏天”。伏，是指躲避酷暑的意思，亦表示阴气受阳气之所迫而隐伏之意。

大暑

夏夜追凉

宋·杨万里

夜热依然午热同，
开门小立月明中。
竹深树密虫鸣处，
时有微凉不是风。

民间有“大暑老鸭胜补药”的说法。大暑时节喝鸭汤，既能补充过度消耗的营养，又可祛除暑热带来的不适。如荸荠老鸭汤、海带老鸭汤、冬瓜芡实老鸭汤，都是很好的夏季汤品。在中医看来，鸭肉最大的特点就是不热不燥，清热祛火、滋阴养胃、健脾补虚，而且利湿的作用较强，尤其适合体内有湿热、虚火过重的人食用。中医古籍记载，鸭肉“主大补虚劳，最消毒热，利小便，除水肿，消胀满，利脏腑，退疮肿，定惊痫”。

荷叶鸭脯

做法

将鸭肉、蘑菇均切成薄片，火腿切10片，葱切短节，生姜切薄片；荷叶洗净，用开水稍烫一下，去掉蒂梗，切成10块三角形备用。

将蘑菇用开水焯透捞出，用凉水冲凉后和鸭肉一起放入盘内，加盐、味精、白糖、胡椒粉、绍酒、香油、玉米粉、葱节、生姜片，搅拌均匀，然后分放在10片三角形的荷叶上，再各加1片火腿，包成长方形，码放在盘内，上笼蒸约1小时，若放在高压锅内只需15分钟即可。

功效

清暑养心，升运脾气，作为夏季食补之品尤为适宜。

冬瓜绿豆老鸭汤

做法

准备老鸭1只，冬瓜150克，绿豆40克，陈皮2片，生姜片2片，清水2500毫升，盐适量；将老鸭洗净、切块、焯水；将冬瓜洗净、切片（不要切太薄）；把老鸭、生姜片、绿豆、陈皮一起放进瓦煲或汤锅里，加水，盖过鸭面；大火烧开，把浮起来的白沫、鸭油等杂质撇干净；调至小火，煲一个半小时的时候，把冬瓜放进煲里，开大火；水开的时候捞走鸭油，再煲半小时后加盐调味即可。

功效

清热解毒，利水消痰，滋阴润燥，除烦止渴。

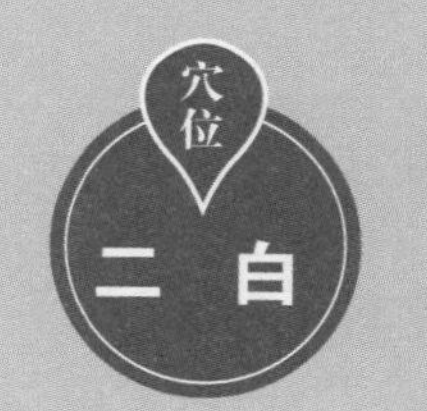

清热祛火，通便疗痔

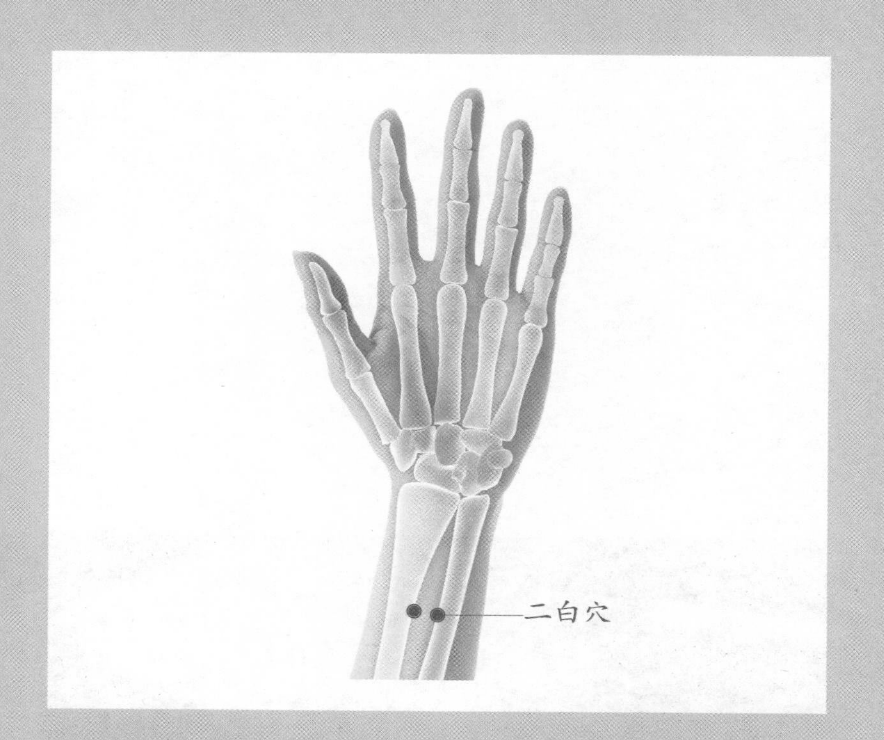

取穴及按压方法

掌心向上，将从腕横纹到肘横纹的连线分成 3 等份，在靠近腕横纹的 1/3 处，找出通向手腕中央的筋，二白穴就位于这条筋的两侧，用对侧手的食指和中指按压。

年 第　周　月　日 — 月　日

月　日
（星期一）

月　日
（星期二）

月　日
（星期三）

月　日
（星期四）

月　日
（星期五）

三伏天，需要及时补充水分。应该采取少量、多次饮水的方法，每次以不超过 300 毫升为宜。切忌狂饮不止，因为大量饮水不但会冲淡胃液，影响消化功能，还会引起反射性排汗亢进，结果会造成体内的水分和盐分大量流失，严重者可以导致热痉挛的发生。

销暑

唐·白居易

何以销烦暑，
端居一院中。
眼前无长物，
窗下有清风。
热散由心静，
凉生为室空。
此时身自得，
难更与人同。

酸梅汤是三伏天传统的消暑饮料。我们可以自己动手，熬制品质天然的酸梅汤。自制酸梅汤的材料很简单，到正规的中药店就能一次性配齐。

自制酸梅汤的材料有乌梅、山楂、陈皮、桂花、甘草、冰糖。《本草纲目》说，“梅实采半黄者，以烟熏之为乌梅”。它能除热送凉，安心止痛，还可以辅助治疗咳嗽、腹泻等。神话小说《白蛇传》中就有乌梅辟疫的故事。酸梅汤消食和中，行气散瘀，生津止渴，收敛肺气，除烦安神，是炎热夏季非常好的保健饮品。

自制酸梅汤

材料

乌梅…100 克
山楂…100 克
陈皮…10 克
甘草…10 克
桂花…5 克
冰糖…适量

做法

❶ 先将乌梅、山楂、陈皮、甘草和桂花分别清洗干净。前四味材料要提前三四个小时用纯净水浸泡，这样煮出来的味道比较浓，也有利于有效成分更好地析出。

❷ 将泡好的材料连同水一起放进锅内，水量大约是 1500 毫升，大火煮开后转为小火，大约熬制 40 分钟后，将汤倒在一个盆里，锅内再填 500 毫升水继续煮半个小时。最后将第一次、第二次的酸梅汤并到一起，再煮半个小时。

❸ 临出锅一刻钟时，加桂花、冰糖。品尝下味道是否合适，如果合适就可以等凉后放入冰箱里冷藏了。如果味道不合适，可以再添加冰糖调整一下。

煮两遍是为了让酸梅汤的味道更浓郁，后加桂花是突出它特有的香气，若加得太早，香味反而就散掉了。

增强记忆力，治疗昏厥与失语

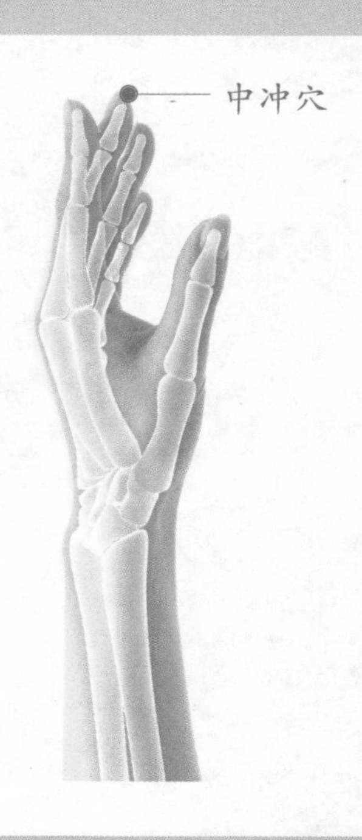

取穴及按压方法

伸直中指，中指尖的中央，距离指甲约半个大米粒的地方，就是中冲穴。用对侧手的拇指尖按压。

秋
AUTUMN

年 第 周 月 日 — 月 日

月 日 （星期一）	
月 日 （星期二）	
月 日 （星期三）	
月 日 （星期四）	
月 日 （星期五）	

立秋又称交秋，是天气迈入秋凉的先声。古代典籍指出：“斗指西南维为立秋，阴意出地始杀万物，按秋训示，谷熟也。”表示立秋时节一至，农作物即将成熟，亦是指烈日炎炎的夏天即将过去，舒适凉爽的秋天就要来了。

立秋

新秋

唐·齐己

始惊三伏尽，
又遇立秋时。
露彩朝还冷，
云峰晚更奇。
垄香禾半熟，
原迥草微衰。
幸好清光里，
安仁谩起悲。

经历了夏季的长期高温，立秋后天气逐渐凉爽。夏秋交替时天气变化剧烈，容易使人体的免疫力下降，家中老人、小孩等体质较为虚弱者难以适应就容易感冒、发烧，若不多加注意也易使旧病复发或诱发新病。因此适当“开开肠胃，补补秋膘”对人体是有益的。

萝玉排骨汤

材料

白萝卜…100 克
玉米…50 克
排骨…5~8 小块
香菜…少许
生姜…6 片
葱…半棵
枸杞…6 粒
盐…适量
水…适量

做法

❶ 将玉米切段，白萝卜切小块，葱切段。
❷ 冷水中放入排骨、3 片生姜，烧开，焯一下排骨，将排骨捞出冲洗干净。
❸ 将排骨、玉米、剩余姜片、葱段放入电饭煲，加水煮。
❹ 煮至水量去了 1/3 时，将葱段捞出。
❺ 放入白萝卜，放适量盐调味，继续煮至白萝卜熟。
❻ 加枸杞，出锅前撒上香菜即可。注意，燥热体质者食用时可不必加姜片和香菜。

功效

增强免疫力，开胃促消化。

治疗头面部疼痛

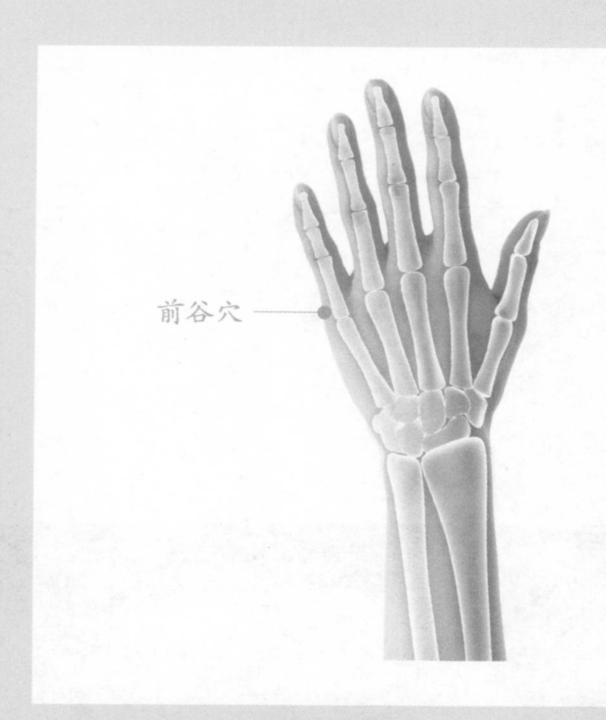

取穴及按压方法

手背向上，微握拳，前谷穴就在小指本节（第 5 掌指关节）的掌指横纹头凹陷中。用对侧手的拇指尖用力按压。

年 第 周 月 日 — 月 日

月 日（星期一）

月 日（星期二）

月 日（星期三）

月 日（星期四）

月 日（星期五）

《月令七十二候集解》云：“立秋，七月节。立字解见春。秋，揫也。物于此而揫敛也。”“秋后有一伏”，立秋后暑热一时难消，有些地区还有“秋老虎”的酷热，但总的趋势是天气渐渐凉爽，昼夜温差明显。

立秋日曲江忆元九

唐·白居易

下马柳阴下，
独上堤上行。
故人千万里，
新蝉三两声。
城中曲江水，
江上江陵城。
两地新秋思，
应同此日情。

秋天是感染性疾病的高发期。《黄帝内经》认为，“肺主秋”。秋季时燥邪之气容易侵犯人体，人们一不小心就会出现呼吸道疾病。立秋后花草树木亦开始了新一轮的新陈代谢，导致空气中过敏原增加，有过敏体质的人容易出现鼻痒、打喷嚏、咳嗽、气喘等，因此出门时应戴好口罩。

银莲杞枣汤

材料

银耳干品…6 克
莲子…20 克
红枣…5 颗
枸杞…少许
冰糖…少许

做法

❶ 将银耳泡发备用，莲子泡软，红枣洗净压破，枸杞洗净。
❷ 将银耳、莲子、红枣、枸杞放入电饭锅中加水煮汤，煮好后加入冰糖调味即可食用。

功效

润肺生津，滋阴养血，增强免疫力。

防治鼻炎，抑制皮肤干痒

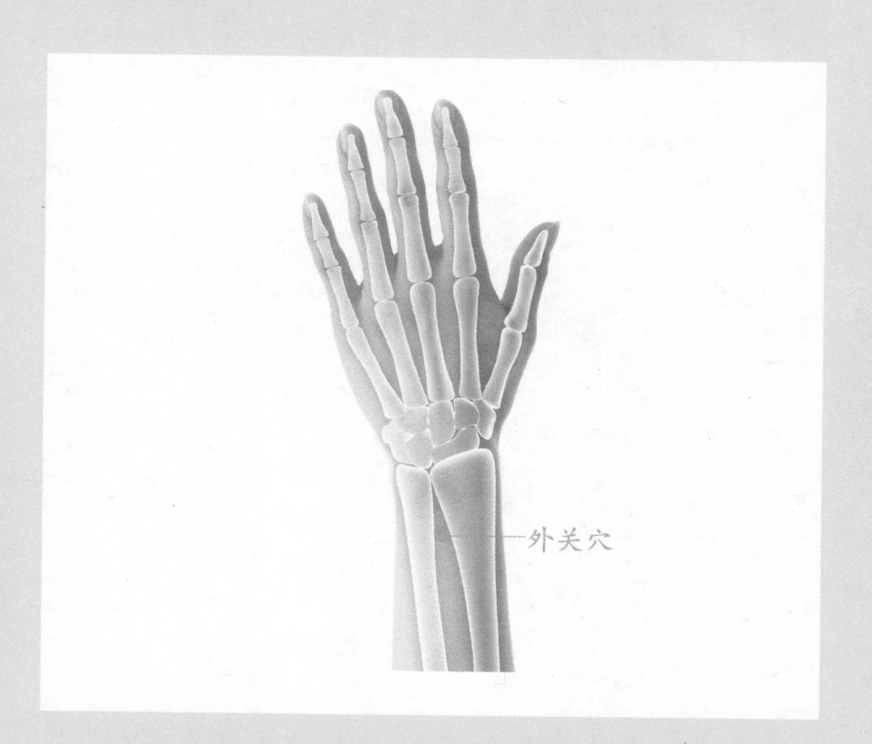

取穴及按压方法

手背向上，从手掌上折时手腕出现的横纹中央，往肘关节方向推两横指宽处取穴，外关穴就在两根骨头缝的中间。用对侧手的拇指尖稍用力按压。

年 第 周 月 日 — 月 日

月 日
（星期一）

月 日
（星期二）

月 日
（星期三）

月 日
（星期四）

月 日
（星期五）

处暑，《月令七十二侯集解》中说道：“处暑，七月中，处，止也，暑气至此而止矣。”意思是夏日的暑气逐渐消退，炎热的天气将到此为止。

处暑

处暑后风雨

宋·仇远

疾风驱急雨，
残暑扫除空。
因识炎凉态，
都来顷刻中。
纸窗嫌有隙，
纨扇笑无功。
儿读秋声赋，
令人忆醉翁。

从中医五脏养生观念来看，秋天的燥热之气容易伤“肺”。中医所指的“肺”，除了指现代生理学上的肺功能之外，还涵盖了人体水液代谢系统、呼吸系统、免疫系统等方面的功能，皮肤、毛发、鼻腔、咽喉、气管等皆属于中医“肺”的范畴。“养肺”是秋季养生保健的重点。

柠汁莲藕

材料

莲藕…500 克

枸杞…25 克

柠檬汁…20 克

白糖…25 克

盐…适量

白醋…适量

做法

❶ 将枸杞泡发，洗净。

❷ 将莲藕去皮洗净，切成薄片，在沸水中焯下捞出，盛入盘中，加盐腌渍片刻。

❸ 将柠檬汁、白糖、盐、白醋兑成汁，淋在莲藕上，浸制 15 分钟。

❹ 将盛有食材的盘子放入冰箱中冷藏 30~60 分钟后取出，撒上枸杞即可食用。

功效

润肺生津，开胃消食。

呼吸道疾病的防治穴

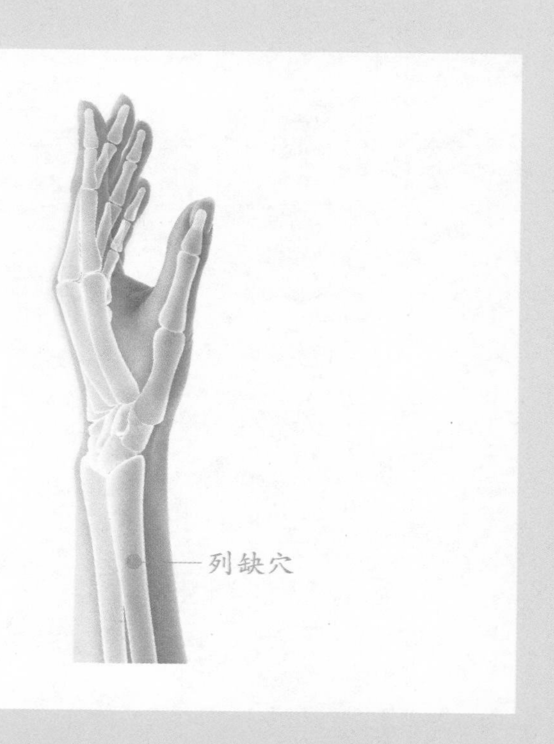

取穴及按压方法

掌心向下，从手腕横纹沿拇指根部向肘关节方向推三横指宽处取穴，用力握拳时骨的边缘可见凹陷，此处即为列缺穴。用对侧手的拇指按压。

年 第 周 月 日 — 月 日

月 日（星期一）

月 日（星期二）

月 日（星期三）

月 日（星期四）

月 日（星期五）

在民间，处暑时节有的地方有送鸭习俗。“处暑送鸭，无病各家。”老鸭味甘性凉，可做成白切鸭、柠檬鸭、子姜鸭、荷叶鸭、核桃鸭、酱鸭等，也可煲汤解暑气。

处暑七月中

唐·元稹

向来鹰祭鸟，
渐觉白藏深。
叶下空惊吹，
天高不见心。
气收禾黍熟，
风静草虫吟。
缓酌樽中酒，
容调膝上琴。

在干燥的天气中，人们常常会感到喉咙干燥，感觉无论喝多少水也无法止渴，喉咙中的痰总觉得卡在里边，怎么也咳不出来，甚至还会有气喘的症状，这就是所谓的“燥咳”。此外，皮肤也会变得干燥，这些都是“秋燥伤肺”引起的。教师由于授课的原因，平时讲话比较多，因此更容易发生“燥咳”的现象。

玉竹洋参茶

材料

玉竹…5 克

西洋参…少许

做法

❶ 往砂锅中注入适量清水，烧开，倒入备好的玉竹饮片。

❷ 盖上盖，用中火煮约 10 分钟。

❸ 揭盖，转小火保温，待用。

❹ 取一个茶杯，放入西洋参，再倒入砂锅中的汤汁，泡一会儿即可饮用。

功效

玉竹养阴润燥、生津止渴，西洋参补气养阴、清热生津，两者平补而润，对慢性咽炎、支气管炎等呼吸道疾病引起的干咳、咽部异物感，糖尿病导致的烦渴、乏力，以及更年期综合征有很好的治疗作用。玉竹兼有除风热之功，日常饮用此茶还能润肤养颜。

消除嗓子干痒与疼痛

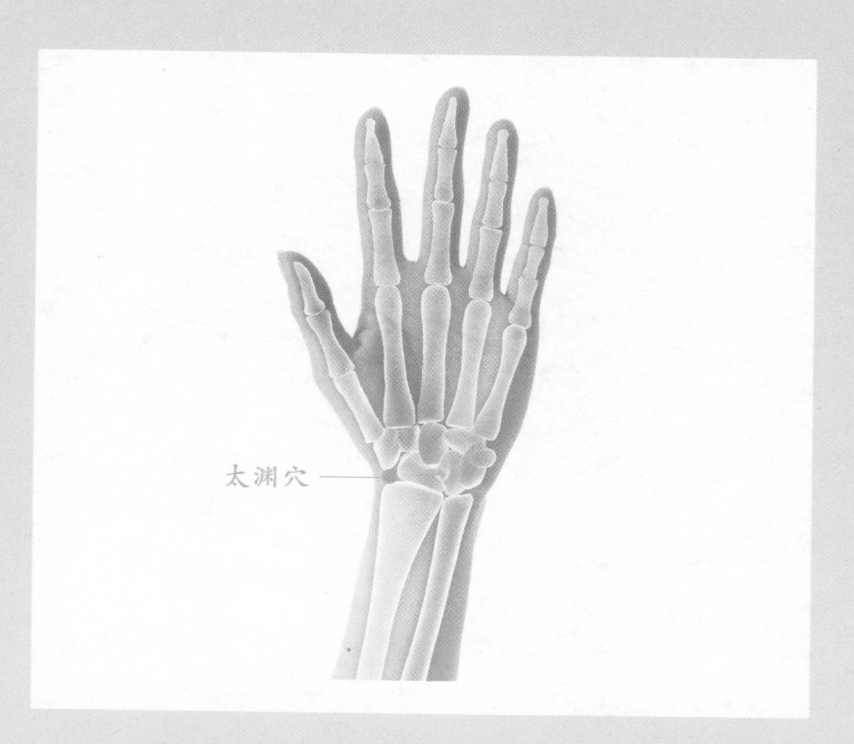

取穴及按压方法

手掌打开，另一只手的拇指沿着拇指外侧缘下滑，至与掌后第一横纹（即紧挨着手掌的那条横纹）相交处，即为太渊穴，此处稍凹陷，用手摸有脉搏跳动。按摩时稍用力向掌心方向按压。

年 第 周 月 日 — 月 日

月 日
（星期一）

月 日
（星期二）

月 日
（星期三）

月 日
（星期四）

月 日
（星期五）

白露时节，气温下降，草木上显有露水。《月令七十二候集解》载：“白露，八月节。秋属金，金色白，阴气渐重，露凝而白也。”从立秋到白露的这一段时间，东部沿海及南方地区白天依然暑气逼人，一直要到了白露过后，天气才开始一天天真正转凉了，正如俗语说，“白露秋分夜，一夜冷一夜”。

白露

白露
唐·杜甫

白露团甘子，
清晨散马蹄。
圃开连石树，
船渡入江溪。
凭几看鱼乐，
回鞭急鸟栖。
渐知秋实美，
幽径恐多蹊。

有一句俗谚："处暑十八盆，白露勿露身。"意思是，处暑时节天气仍然炎热，每天需用一盆水洗澡、冲凉。经过十八天后到了白露时节，天气明显转凉了，就要注意衣着保暖，以免着凉感冒。受凉后，人体免疫力会降低，就可能诱发各种疾病。

南瓜健康盅

材料

南瓜…1 个

滑子菇…适量

火腿…适量

西蓝花…少许

盐…2 克

生抽…6 克

水淀粉…10 克

做法

❶ 将南瓜洗净，去盖挖瓤；滑子菇洗净；火腿洗净，切块；西蓝花洗净，掰朵后焯熟。

❷ 将南瓜盅放入蒸锅蒸熟，取出，将西蓝花放入盅中。

❸ 锅中倒油烧热，下滑子菇、火腿炒熟，再加入盐、生抽调味，用水淀粉勾芡，出锅后盛入南瓜盅中即可食用。

功效

降糖降脂，增强免疫力。

提高免疫力，防治糖尿病

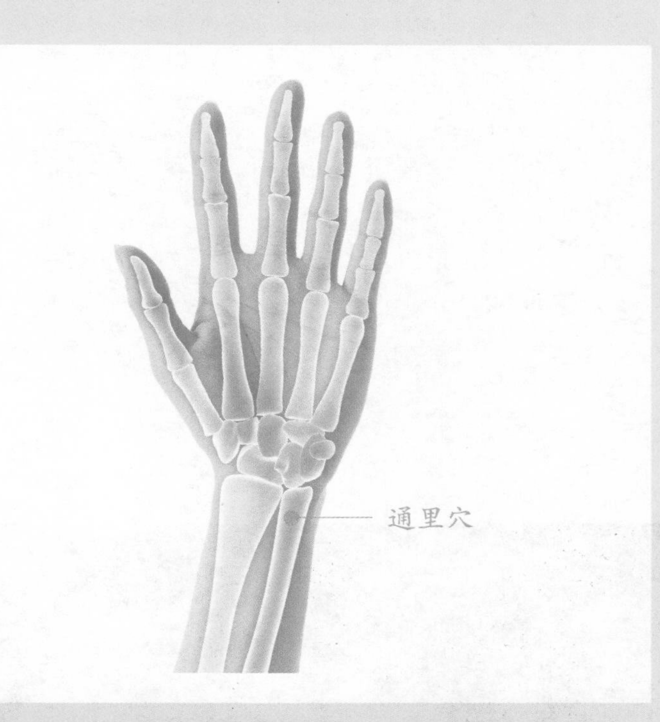

取穴及按压方法

掌心向上，手腕横纹向上一横指宽处，靠近小指侧取穴。握拳时此处可摸到一条大筋，通里穴就在大筋的外侧，与尺骨小头（手腕背侧下方、小指侧的圆的高骨）顶点平齐。用对侧手的拇指指腹按压。

年 第　周　月　日 — 月　日

月　日 （星期一）	
月　日 （星期二）	
月　日 （星期三）	
月　日 （星期四）	
月　日 （星期五）	

民间有“白露吃龙眼”的风俗，人们认为在白露这一天吃龙眼有大补身体的作用。这是因为白露时节的龙眼个头大，核小甘甜，口感好。此外，经过夏季的酷热，白露前后正是茶树生长的极好时期。白露茶有一种独特的甘醇清香味，深受老茶客喜爱。

月夜忆舍弟

唐·杜甫

戍鼓断人行，
边秋一雁声。
露从今夜白，
月是故乡明。
有弟皆分散，
无家问死生。
寄书长不达，
况乃未休兵。

白露时节正值时令交替，日夜温差大，我们的身体同样也随着外在环境的温度，不断调整及适应。呼吸道首当其冲，最容易出现咽部不适。法国的一项研究显示，室外温度与人体血压呈负相关关系。因此高血压患者此时节更应该注意在天气变化时定时测量血压。

清咽稳压茶

材料

百合干…5 克
罗汉果…7 克
胖大海…10 克

做法

❶ 先将百合干放入清水中浸泡一晚；将胖大海拍裂，待用。

❷ 在壶中注水烧开，倒入备好的百合干、胖大海，5 分钟后放入罗汉果。

❸ 盖盖，小火煮约 10 分钟即可。

功效

清咽利喉，化痰润肠，稳定血压。

调控血压，改善睡眠

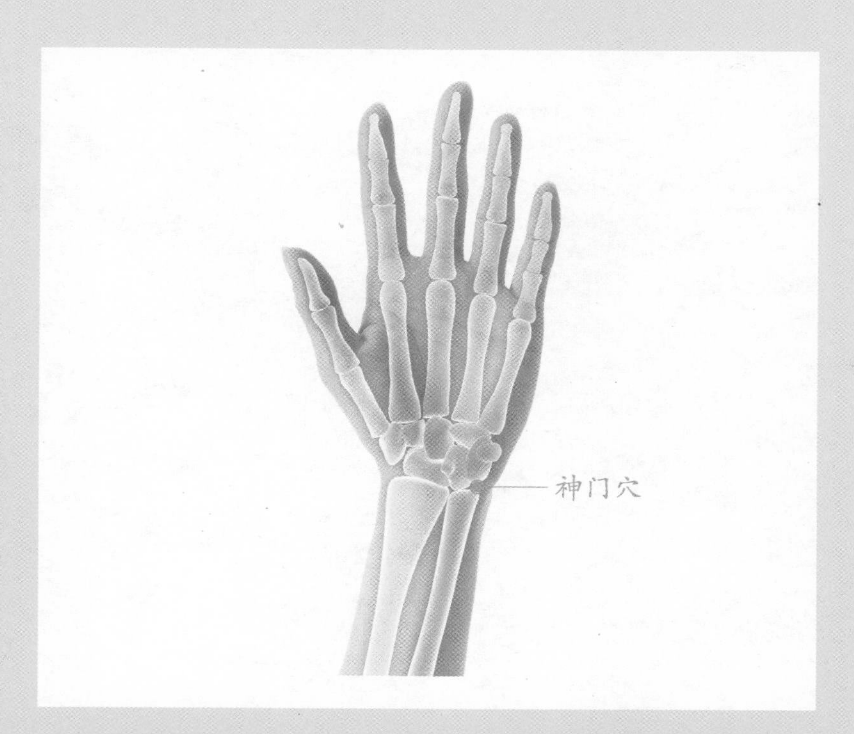

取穴及按压方法

掌心向上，沿小指骨往下，与手腕横纹尽端相交处的凹陷点，就是神门穴。用对侧手的拇指按住穴位往掌心方向推按。

年 第 周 月 日 — 月 日

月 日（星期一）

月 日（星期二）

月 日（星期三）

月 日（星期四）

月 日（星期五）

秋分的“分”为“半”的意思。《春秋繁露》中说，“秋分者，阴阳相半也，故昼夜均而寒暑平”。到了秋分这天，白昼与黑夜的时间等长。全国大部分地区的雨季已经落幕，呈现风和日丽的金秋景象。

秋分

三用韵十首其三

宋·杨公远

屋头明月上，
此夕又秋分。
千里人俱共，
三杯酒自醺。
河清疑有水，
夜永喜无云。
桂树婆娑影，
天香满世闻。

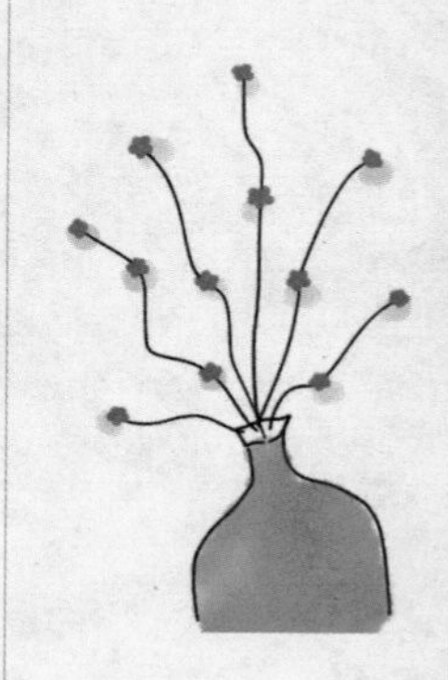

秋分时节，雨水量大为减少，气候变得越来越干燥，人很容易“上火”，造成双眼红赤、口舌生疮、烦躁失眠、鼻出血、尿黄、便秘等情况。此时不宜热补，否则容易“火上加油”。

秋菠宝

材料

菠菜…600 克
炒花生米…30 克
生姜…1 片
卤牛肉…30 克
熟咸猪肉皮…20 克
五香豆腐干…30 克
虾皮…10 克
盐…适量
味精…少许
醋…少许
麻油…少许

做法

1. 将菠菜洗净，连根投沸水锅中，翻动一下，即捞出沥水，稍放凉，理齐切成碎末，稍挤去水后，放盘中。
2. 将炒花生米（去皮）碾成小粒，生姜、咸猪皮、卤牛肉、豆腐干均切成碎末，和虾皮一起放在菠菜中，加盐、味精、麻油、醋少许，调拌即成。

功效

开胸除烦，清热润肠。适用于头昏、胸闷、食欲不振、习惯性便秘等症，特别适合秋分时节容易上火的人。

对头痛、牙痛都有效

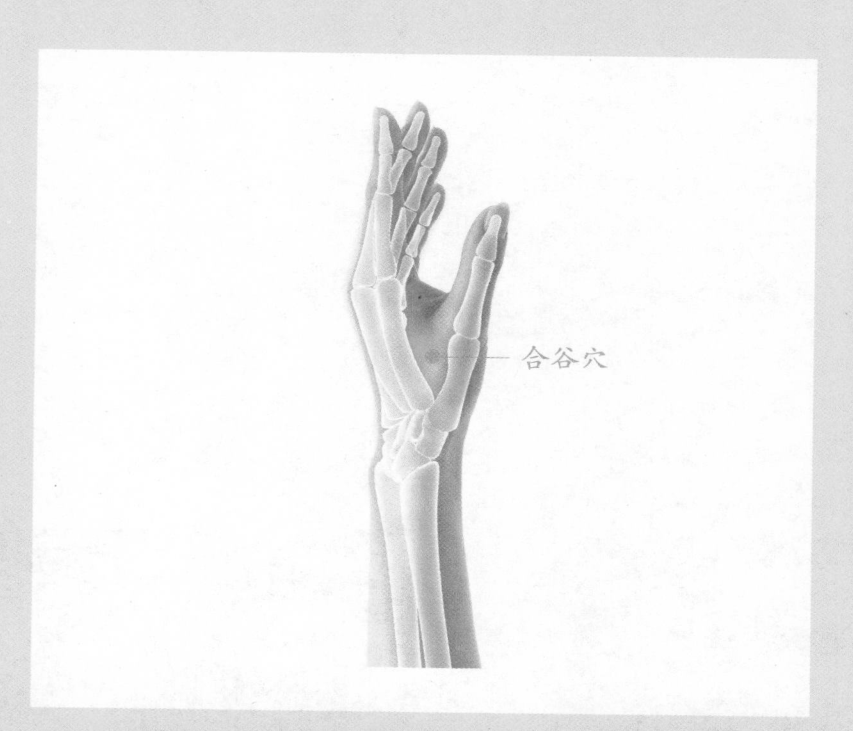

取穴及按压方法

将拇、食指并拢，两指掌骨间有一肌肉隆起，隆起肌肉的顶端就是合谷穴。用对侧手的拇指对准穴位，向两指间深处按压。

年 第 周 月 日 — 月 日

月 日
（星期一）

月 日
（星期二）

月 日
（星期三）

月 日
（星期四）

月 日
（星期五）

民间有“秋分吃秋菜”的习俗。秋菜是一种野苋菜，乡人称之为“秋碧蒿”。古时逢秋分那天，乡人们都去田野中采摘秋菜。采回的秋菜一般与鱼片“滚汤”。人们祈求的是家宅安宁，身体安康。

夜喜贺兰三见访
唐·贾岛

漏钟仍夜浅，
时节欲秋分。
泉聒栖松鹤，
风除翳月云。
踏苔行引兴，
枕石卧论文。
即此寻常静，
来多只是君。

呼吸道疾病的发病原因通常与空气环境有关。秋分时节，万物凋零，空气中粉尘、颗粒物增多，容易导致慢性咽炎、慢性支气管炎、过敏性哮喘、支气管扩张等疾病患者出现病情复发的情况，因此这类人群外出时应戴好口罩，平时勤换衣物，勤洗澡。

杏仁槐花豆浆

材料

黄豆…40 克

杏仁…10 克

槐花…5 朵

蜂蜜…适量

做法

1. 先将黄豆、杏仁、槐花用清水浸泡一晚。
2. 将泡好的材料倒入全自动豆浆机中，加入适量水煮成豆浆。
3. 将蜂蜜放入做好的豆浆中拌匀即可食用。

功效

润肺生津，止咳定喘，增强免疫力。

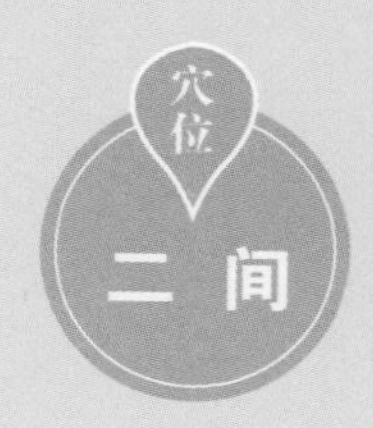

治疗咽喉痛，灸治麦粒肿

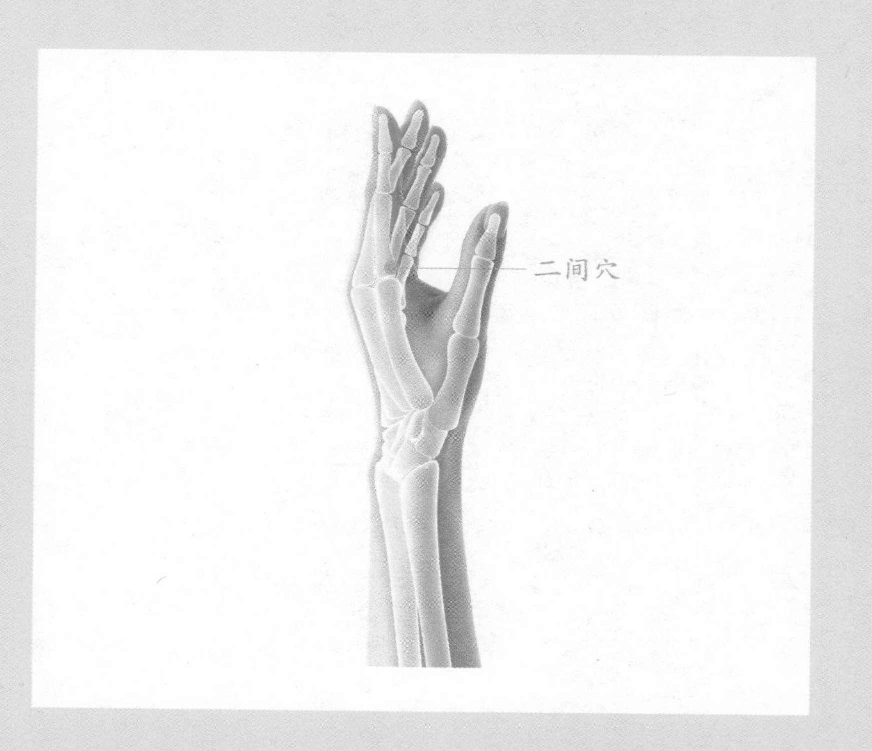

取穴及按压方法

微握拳，在手食指本节（第 2 掌指关节）前，靠拇指侧凹陷处。用对侧手的拇指按揉。

年 第　周　月　日 — 月　日

月　日
（星期一）

月　日
（星期二）

月　日
（星期三）

月　日
（星期四）

月　日
（星期五）

寒露，意指此时节寒意已现，露气冰冷欲凝。《月令七十二候集解》云：“寒露，九月节。露气寒冷，将凝结也。”民谚有“露水先白而后寒”之说。此一“寒”字，可说是相当准确地点出秋天天气的明显变化。

寒露

暮江吟

唐·白居易

一道残阳铺水中，
半江瑟瑟半江红。
可怜九月初三夜，
露似真珠月似弓。

秋风起，蟹脚痒；菊花开，闻蟹香。金秋十月是吃螃蟹的最佳时机。用黄酒蒸螃蟹，是绝好的搭配。因为蟹虽然鲜美，但是本性属寒，多食容易伤及肠胃，而黄酒有活血暖胃的功效，所以在食用寒性的螃蟹时，配上温和的黄酒，能够祛除阴寒，补充阳气。此外，蟹肉的鲜香和黄酒的甘醇在口感上也极其和谐。李白曾吟诗赞美道："蟹螯即金液，糟丘是蓬莱。且须饮美酒，乘月醉高台。"古人把食蟹、饮酒、赋诗、赏菊作为金秋时节的快意之事。

黄酒蒸蟹

材料

大闸蟹…6只

黄酒…50毫升

姜片…10片

橘子皮…1块

桂皮…1小节

花椒…2粒

八角…1个

做法

❶ 将螃蟹刷洗干净。

❷ 蒸锅内倒入水、黄酒，放入姜片、橘子皮、桂皮、花椒、八角，放上蒸屉。

❸ 将螃蟹放在蒸屉上，蟹底朝上，用中火蒸15分钟左右，关火，焖3分钟即可。

提示

俗话说："农历八月挑雌蟹，九月过后选雄蟹。"因为农历九月过后雄蟹性腺成熟好，滋味营养佳。螃蟹肚脐呈圆形的为雌蟹，肚脐呈尖形的为雄蟹。另外，螃蟹足爪结实，"脚毛"丛生者，一般都膘足肥美，如果能挑选到"金毛金爪"的更好。吃螃蟹时蘸姜蓉和陈醋为佳。

治寒湿泄泻，疗体虚宫寒

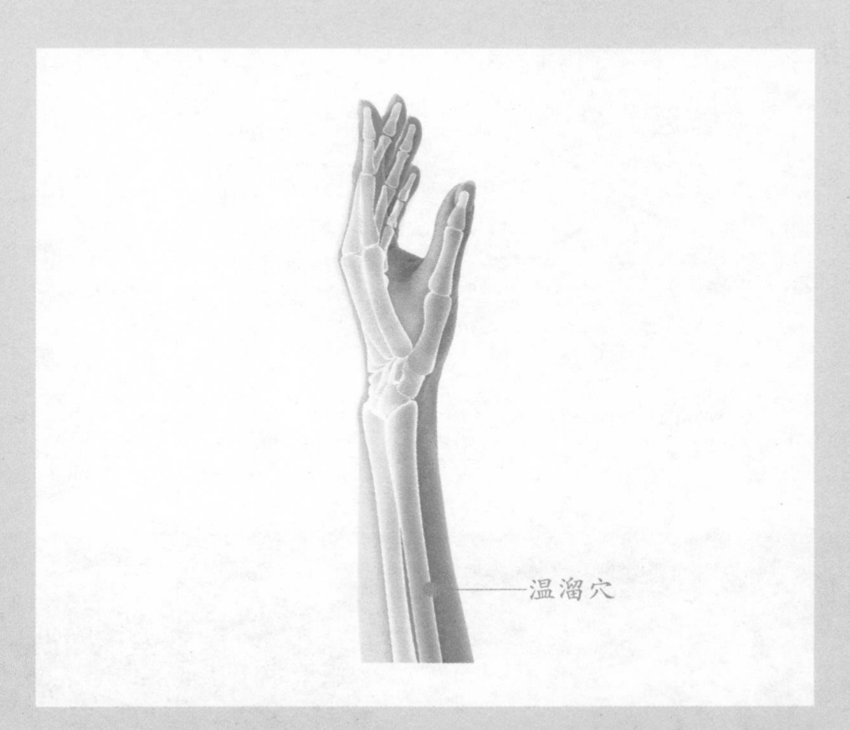

取穴及按压方法

在腕背横纹拇指侧阳溪穴（参见第 35 页）与肘横纹尽处曲池穴（参见第 95 页）连线的中点处。按摩时沿骨缘内侧按压。

年 第 周 月 日 — 月 日

月 日（星期一）	
月 日（星期二）	
月 日（星期三）	
月 日（星期四）	
月 日（星期五）	

寒露分为三候："一候鸿雁来宾；二候雀入大水为蛤；三候菊有黄华。"意为此时节鸿雁排成一字形或人字形的队列大举南迁；深秋天寒，雀鸟都不见了，海边出现很多蛤蜊；"菊有黄华"是说此时节菊花已普遍开放。

初到陆浑山庄

唐·宋之问

授衣感穷节，
策马凌伊关。
归齐逸人趣，
日觉秋琴闲。
寒露衰北阜，
夕阳破东山。
浩歌步榛樾，
栖鸟随我还。

文蛤蒸蛋

材料

文蛤…200 克
火腿…1 片
鸡蛋…2 个
盐…1/4 茶匙
酱油…1 茶匙
生姜…3 片
料酒…1 汤匙
白糖…少许
细香葱…1 根

做法

① 将文蛤放在水中吐沙，洗净；切好葱花。
② 锅内加水、料酒和生姜，烧开，将文蛤放入焯水，至开口后捞出，然后将文蛤开口向上放入深盘中排好。
③ 把火腿切成小丁；将鸡蛋打散，加盐、火腿丁，再加入 1.5 倍的清水搅匀；把蛋液倒入深盘中，撒上葱花。
④ 将装有食材的盘子放入锅内，蒸至蛋液凝结。
⑤ 在盘中加入料酒、酱油和白糖提鲜即可。

功效

具有滋阴润燥，补脾和胃的功效。文蛤滋阴清热，对秋冬季空气干燥引起的皮肤瘙痒、咽痛、咳嗽有改善效果。将蛤壳晒干后研粉，就成了中药海蛤粉。海蛤粉具有清肺泄热、止咳化痰的作用。

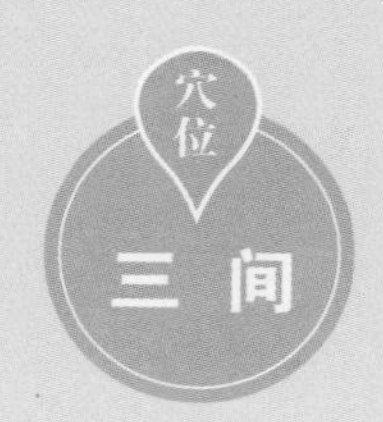

安眠止咳，治疗各种头肩痛

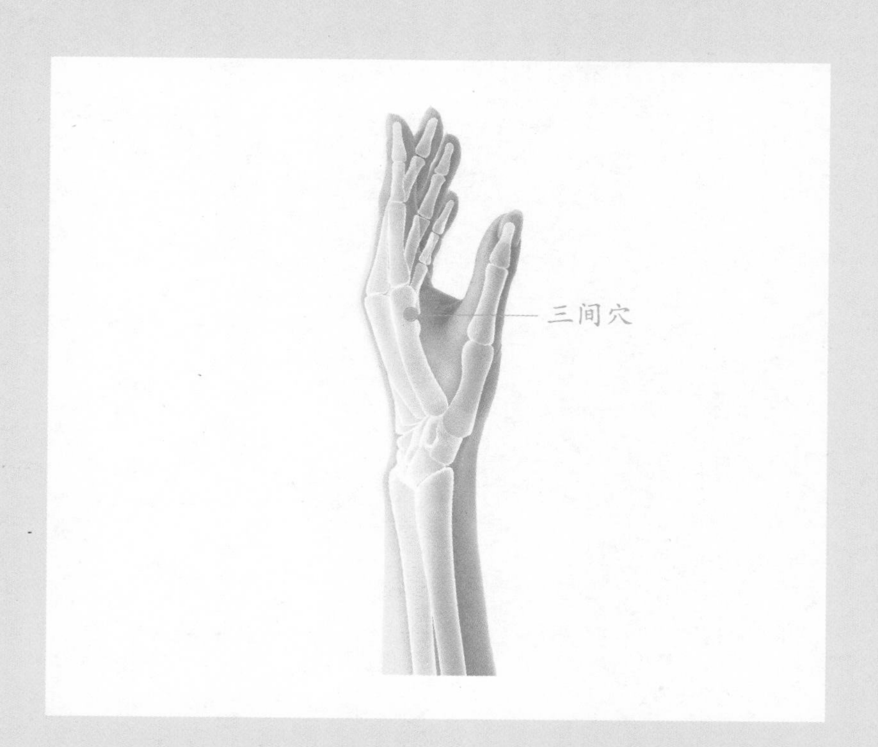

取穴及按压方法

微握拳，食指桡侧之手背面与掌面交界线（俗称赤白肉际）上，食指掌指关节后缘的凹陷处，就是本穴。用对侧手的拇指指腹按压。

年 第 周 月 日 — 月 日

月 日（星期一）

月 日（星期二）

月 日（星期三）

月 日（星期四）

月 日（星期五）

霜降是秋季的最后一个节气，是秋季到冬季的过渡时节。霜降表示天气更冷了，露水凝结成霜。《月令七十二候集解》云：“霜降，九月中。气肃而凝，露结为霜矣。”民间有谚语：“一年补透透，不如补霜降。”足见这个节气对我们健康的重要性。

霜降

列岫亭

宋・江定斋

倚槛穹双目，
疏林出远村。
秋深山有骨，
霜降水无痕。
天地供吟思，
烟霞入醉魂。
回头云破处，
新月报黄昏。

民间有一种说法叫“补冬不如补霜降”，意思是说深秋时补养身体比冬天进补更重要。因为秋补是打基础，只有基础牢固了，到了冬季人体才能够抵御严寒的侵袭，预防疾病的发生。霜降时节，人体对寒冷天气还不太适应，易导致胃病的发生，是慢性胃炎、胃及十二指肠溃疡病复发的高峰期，因此养护脾胃是养生防病的重要一环。

红豆荸荠煲乌鸡

材料

乌鸡…半只
红豆…50 克
红枣…5 颗
荸荠…适量
葱…1 段
生姜…1 块
高汤…适量
盐…适量
料酒…适量
味精…少许
胡椒粉…少许

做法

❶ 将红豆用温水泡透；乌鸡切成块；荸荠去皮；生姜切片；葱切粗丝。

❷ 锅内水开时，投入乌鸡块，用中火煮 3 分钟至血水出尽时捞出。

❸ 重新在锅内加水，放入乌鸡、红豆、红枣、荸荠、生姜、高汤、料酒、胡椒粉，用中火煲开，再改小火煲，调入盐、味精,15 分钟后撒葱丝即可。

功效

具有健脾养胃,益气补血,祛风散寒的功效。荸荠皮色紫黑，肉质洁白，味甜多汁，清脆可口，自古有“地下雪梨”“江南人参”之美誉。

养胃利胆，调控血糖

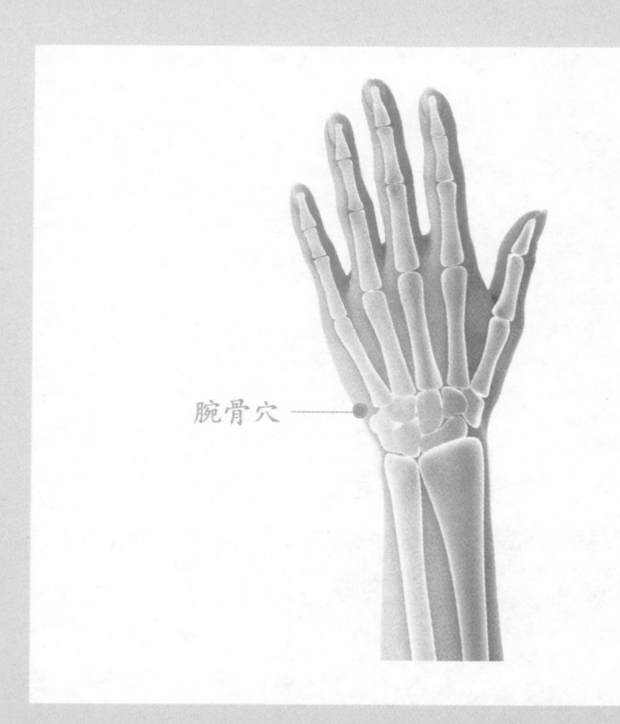

取穴及按压方法

腕横纹上一拇指宽，于小指外侧赤白肉际两骨之间凹陷处取穴。用对侧手的拇指指甲掐按。

年第　周　月　日 — 月　日

月　日 （星期一）	
月　日 （星期二）	
月　日 （星期三）	
月　日 （星期四）	
月　日 （星期五）	

“忽如一夜春风来，千树万树梨花开。”美如画的雾凇你见过吗？雾凇，俗称树挂，是低温时空气中水汽直接凝华，或雾滴直接冻结在物体上的乳白色冰晶沉积物，是非常难得的自然奇观。它们或在高山湖泊旁，或在树桠峭壁间，像盎然怒放的琼花，是霜降时节大自然开启的新一轮神奇的创作。

泊舟盱眙

唐·常建

泊舟淮水次，
霜降夕流清。
夜久潮侵岸，
天寒月近城。
平沙依雁宿，
候馆听鸡鸣。
乡国云霄外，
谁堪羁旅情。

好『柿』到

在我国一些地区，霜降这一天一定要吃柿子。有句老话说：“霜降吃丁柿，不会流鼻涕。”意思是霜降时节吃柿子可以御寒保暖，冬天不会感冒，寓意平平安安。柿子一般是在霜降前后完全成熟，这时候的柿子皮薄、肉鲜、味美，营养价值高，非常受大家的喜欢。

柿子具有较高的药用价值，鲜柿、柿饼、柿霜等都可入药。

鲜柿

具有清热润肺、健脾益胃、涩肠止血等功效，适合于肺热燥咳、咯血、痔疮出血；鲜柿中含碘量高，捣烂取汁，温开水冲服，适合缺碘引起的甲状腺肿大患者食用；未成熟鲜柿250克，切碎取汁，开水冲服，可有效缓解酒后之烦渴。

柿饼

具有润肺、涩肠、止血等功效。取柿饼60克，川贝9克，一起蒸熟后食用柿饼，可治干咳；柿饼、红糖各50克，黑木耳6克，水煎服，可治痔疮出血；柿饼2个，陈皮2片，糯米60克，共煮粥食用，可治慢性肠炎。

柿霜

即柿饼上所结的白霜，具有清热生津、润肺止咳等功效。柿霜温水化服，可治慢性支气管炎、咽炎引起的干咳；柿霜10克，冰片0.5克，薄荷5克，共研细末，涂擦患处，可治口疮、口角炎。

防治呼吸道疾病的特效穴

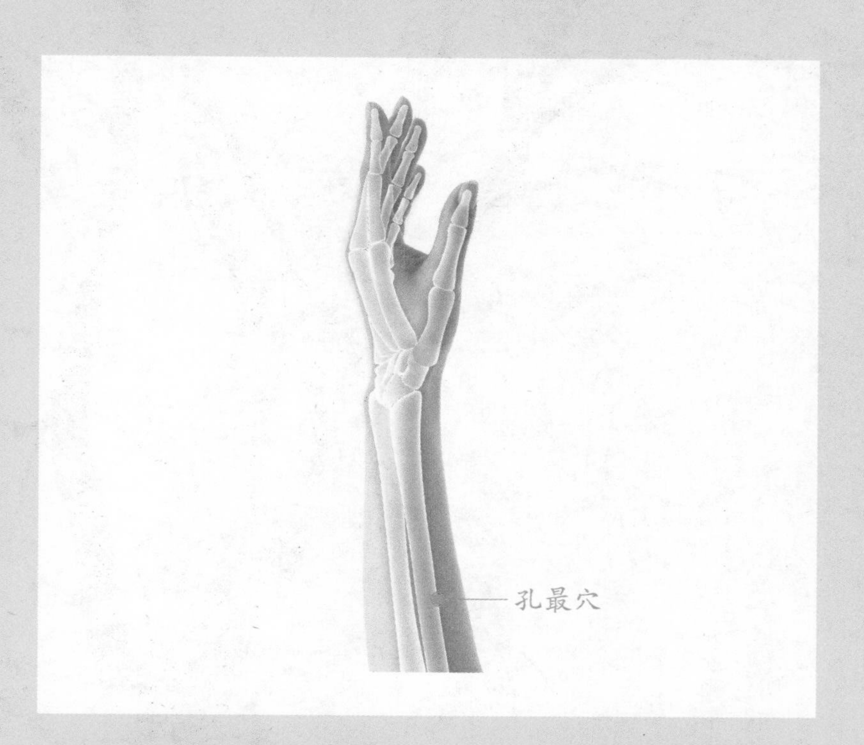

取穴及按压方法

伸臂仰掌，先取掌后第一腕横纹与肘横纹之间的中点，由中点再向上量一横指，平该点水平线，摸前臂外侧骨头的内缘即是该穴。用对侧手的拇指指腹按压。

WINTER

年 第 周 月 日 — 月 日

月 日（星期一）	
月 日（星期二）	
月 日（星期三）	
月 日（星期四）	
月 日（星期五）	

立冬是冬季的第一个节气。立冬之时，万物终成，故名立冬。《月令七十二候集解》中说道，“立，建始也”，又说“冬，终也，万物收藏也”。立冬时节，一年的农事活动基本结束，农作物收晒完毕，纳入仓库；不随季节气候变化迁徙的动物也已准备冬眠。因此，立冬不仅仅代表着冬天的来临，还代表万物蛰伏以休养，收藏能量，归避寒冷的意思。

立冬

立冬
唐·李白

冻笔新诗懒写，
寒炉美酒时温。
醉看墨花月白，
恍疑雪满前村。

白菜在我国有悠久的栽培历史。白菜古时称为“菘”。南齐医药学家陶弘景说：“菜中有菘，最为常食。”唐代文学家韩愈欣然写下“晚菘细切肥牛肚，新笋初尝嫩马蹄”的佳句，盛赞“菘、笋”之美味。明代医药学家李时珍引陆佃《埤雅》中文字说：“菘性凌冬晚凋，四时常见，有松之操，故曰菘。今俗谓之白菜，其色表白也。”

白菜营养丰富，还有药用价值。《本草纲目》中记载，白菜茎叶通利肠胃，除胸中烦，解酒渴，利大小便，和中止嗽。现代研究证实，白菜对预防乳癌、肠癌有良好作用。民间还流传用白菜治疗疾病的有效验方。

治感冒

取白菜根3个，葱白7段，萝卜半棵（切块），加水适量煮汤。汤煮好后加红糖搅匀，趁热服，盖被取汗。

治秋冬肺燥咳嗽

取白菜根2个，冰糖30克，红枣6颗，加水适量，炖汤饮用，每日2次。

治慢性胃炎

将白菜捣烂绞取汁，略加温，饭前饮服，1日2次。

治皮肤过敏

将白菜根配金银花、紫背浮萍，水煎服，或捣烂涂患处。

治粉刺

用大白菜叶敷脸，1日1次，每次20分钟。

翡翠卷

材料

圆白菜…300克
猪肉馅…150克
蟹味菇…50克
盐…3克
酱油…6克
花椒粉…4克
香油…适量
葱花…适量
生姜末…适量
淀粉…适量

做法

1. 将圆白菜叶洗净，再将带梗的一边切去小半；将蟹味菇切成小粒。
2. 在猪肉馅中加入葱花、生姜末、盐、酱油、花椒粉、淀粉，搅拌均匀；将调好的肉馅放在圆白菜叶中间，包成长方形。
3. 将全部包好后的菜卷整齐地码放在盘中，入蒸锅用大火蒸10分钟至熟，取出淋上香油即可食用。

功效

清肺化痰，除烦降火，宽中下气。

退烧止咳，治疗胃病肠炎

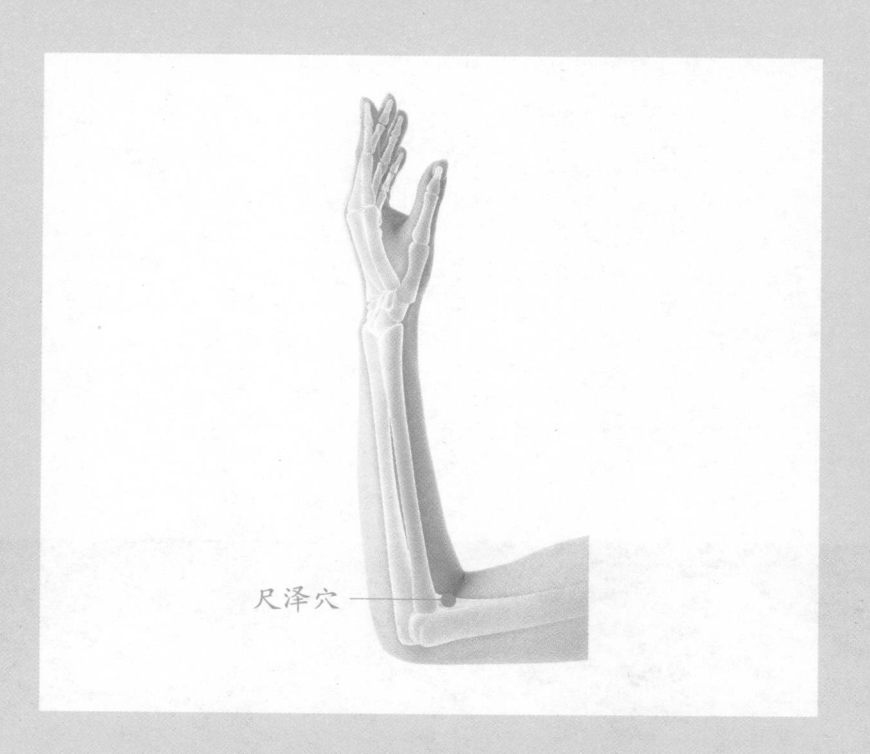

取穴及按压方法

肘部微弯曲，在肘弯里可触及一条大筋，尺泽穴就在靠近这条大筋拇指侧的肘弯横纹上。用对侧食指的指腹按压。

年 第 周 月 日 — 月 日

月 日
（星期一）

月 日
（星期二）

月 日
（星期三）

月 日
（星期四）

月 日
（星期五）

在我国北方，立冬这天人们要吃饺子，据说是来源于“交子之时”的说法。大年三十是旧年和新年之交，立冬是秋冬季节之交，故交子之时的饺子不能不吃。吃饺子时，通常蘸醋和蒜泥，别有一番风味。

立冬日野外行吟

宋·释文珦

吟行不惮遥，
风景尽堪抄。
天水清相入，
秋冬气始交。
饮虹消海曲，
宿雁下塘坳。
归去须乘月，
松门许夜敲。

从立冬开始至立春的这三个月，称“冬三月”。《黄帝内经》云：“冬三月，此谓闭藏。水冰地坼，无扰乎阳。早卧晚起，必待日光。使志若伏若匿，若有私意。若已有得，去寒就温。无泄皮肤，使气亟夺。此冬气之应，养藏之道也。逆之则伤肾，春为痿厥。奉生者少。”冬藏，藏什么？当然是收藏“阳气”。只有积累了足够的阳气，才能抵御一冬“寒燥之气”的侵扰，为来年春天的生发积累能量。

红枣龙眼黄芪茶

材料

龙眼肉…25克

黄芪…15克

红枣…30克

枸杞…8克

做法

1. 砂锅中注入适量清水，烧开。
2. 放入备好的红枣、龙眼肉、黄芪、枸杞。
3. 盖上盖，用小火煮约20分钟至食材熟透。
4. 关火，揭开盖，搅拌均匀，即可饮用。

功效

龙眼具有补心脾、益气血、温肾阳等功效，是滋补的佳品，搭配补血的红枣、枸杞以及补气的黄芪，能养血温中，补足阳气。

缓解腰腿痛与肌肉疲劳

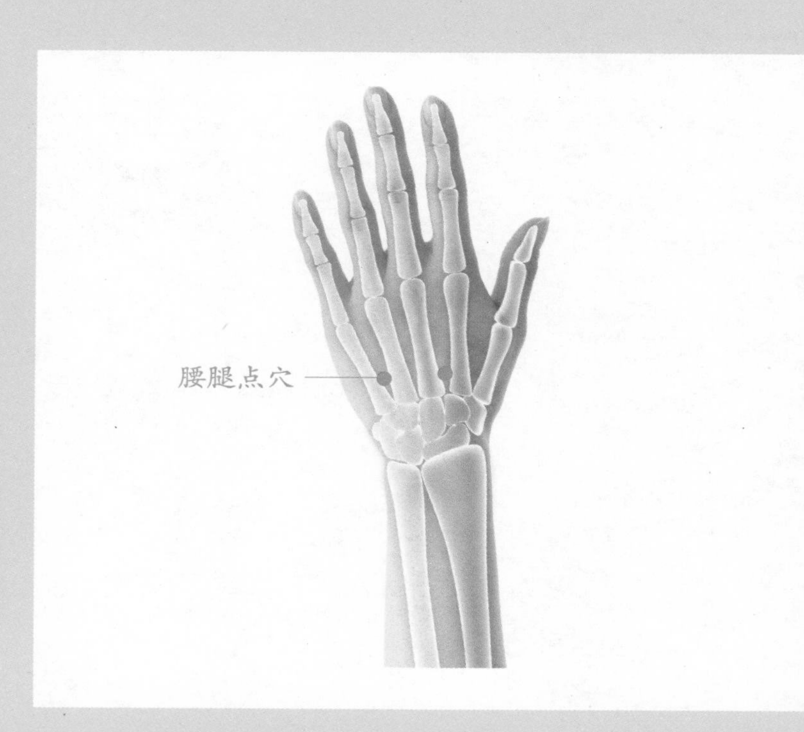

取穴及按压方法

手背向上，食指骨和中指骨交会的地方是第一腰腿点；小指骨和无名指骨交会的地方是第二腰腿点。在骨与骨交会形成的 V 字凹陷处稍用力按压。

年第　周　月　日 — 月　日

月　日
（星期一）

月　日
（星期二）

月　日
（星期三）

月　日
（星期四）

月　日
（星期五）

古籍《群芳谱》中说道："小雪气寒而将雪矣，地寒未甚而雪未大也。"意思是小雪时节天气转冷，天地间的水汽结成雪，但又因地气还不那么寒冷，导致积雪量不大。短短的一段文字，明确而简洁地表达出小雪的含义。

小雪

小雪

唐·戴叔伦

花雪随风不厌看，
更多还肯失林峦。
愁人正在书窗下，
一片飞来一片寒。

在秋冬季节，很多女性朋友总觉得四肢冰冷，尤其是在晚上的时候。有时睡到半夜醒来，四肢还是不暖和，影响睡眠质量。有部分男士也会有这种情形，但以女性居多。从中医讲，这通常是阳虚寒凝、气血不畅的表现。

韭菜炒核桃虾仁

材料

韭菜…500 克
核桃肉…100 克
虾仁…20 克
食用油…适量
盐…适量
味精…适量

做法

❶ 将韭菜洗净，切成小段备用；
❷ 虾仁用温开水浸泡 30 分钟，洗净后备用。
❸ 将锅用旺火加热，倒入油，烧至八成热后放入核桃肉、虾仁，改用中火炒熟后，放入韭菜翻炒片刻，加盐、味精调味后食用。

功效

具有温阳散寒，行气活血，增强御寒能力的功效。韭菜又名壮阳草，具有温中行气、温肾壮阳、活血解毒的作用。韭菜全身都是宝：韭子能补肝肾，强腰膝；韭黄可以治疗食积腹痛、胸痛、跌打损伤、顽癣；韭叶能治反胃、噎膈、尿血。核桃具有滋补肝肾、强健筋骨的功效，多吃核桃能够治疗肝肾亏虚引起的筋骨疼痛、腰腿酸软、头痛、眩晕、头发早白、牙齿松动、体虚咳嗽、小便次数增多等，对大脑神经也具有保护作用。

改善寒凉体质

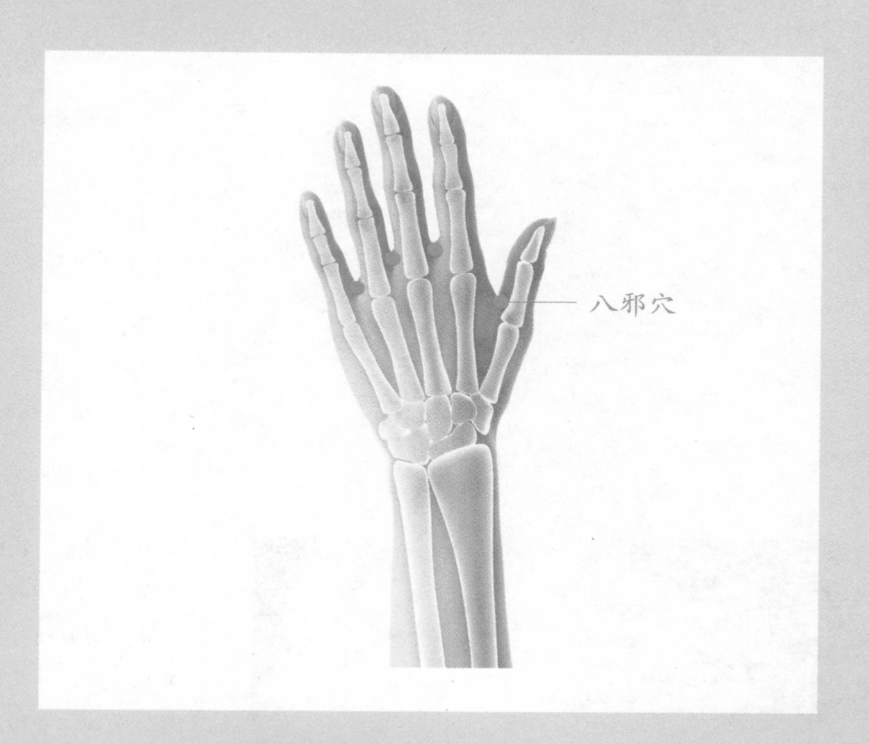

取穴及按压方法

手背向上，从拇指到小指，每个指间的指蹼缘后方赤白肉际处都有八邪穴。用对侧手的拇指指腹依次按住这些两指之间的部位，向深处按压。

年 第 周 月 日 — 月 日

月 日（星期一）

月 日（星期二）

月 日（星期三）

月 日（星期四）

月 日（星期五）

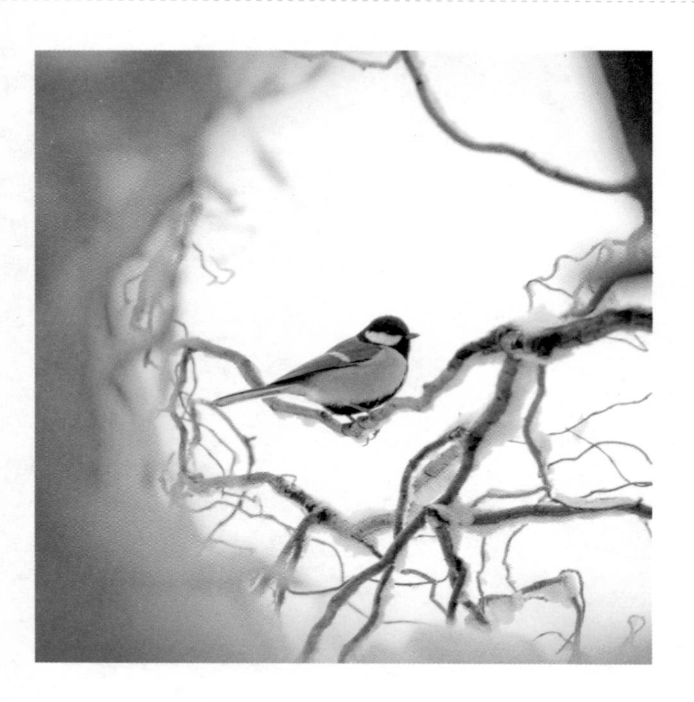

小雪时节，民间有“冬腊风腌，蓄以御冬”的习俗。因为此时节气温急剧下降，天气变得干燥，是加工香肠、腊肉的好时候。很多人家开始动手灌制香肠、腊肉，储备越冬的美食。

和萧郎中小雪日作

宋·徐铉

征西府里日西斜，
独试新炉自煮茶。
篱菊尽来低覆水，
塞鸿飞去远连霞。
寂寥小雪闲中过，
斑驳轻霜鬓上加。
算得流年无奈处，
莫将诗句祝苍华。

胡萝卜黑豆浆

材料

黑豆…60 克

胡萝卜…30 克

冰糖…适量

做法

❶ 将黑豆用清水浸泡至软，洗净；胡萝卜洗净，切碎末。

❷ 将上述材料一同倒入全自动豆浆机中，加入适量水煮成豆浆。

❸ 将豆浆过滤后加冰糖调味即可。

功效

黑豆中锌、硒等微量元素的含量较高，对延缓人体衰老有益，胡萝卜中的 β－胡萝卜素也有延缓衰老的作用。另外，黑豆除可做成黑豆浆之外，还可以直接煮水，方法简单，抗衰老效果明显：取 3 把黑豆洗净，加少量水（也可以再加点儿甘草或浮小麦），煮开后再熬 5~10 分钟即可，只取乌黑的豆汤来喝。

解决偏头痛的困扰

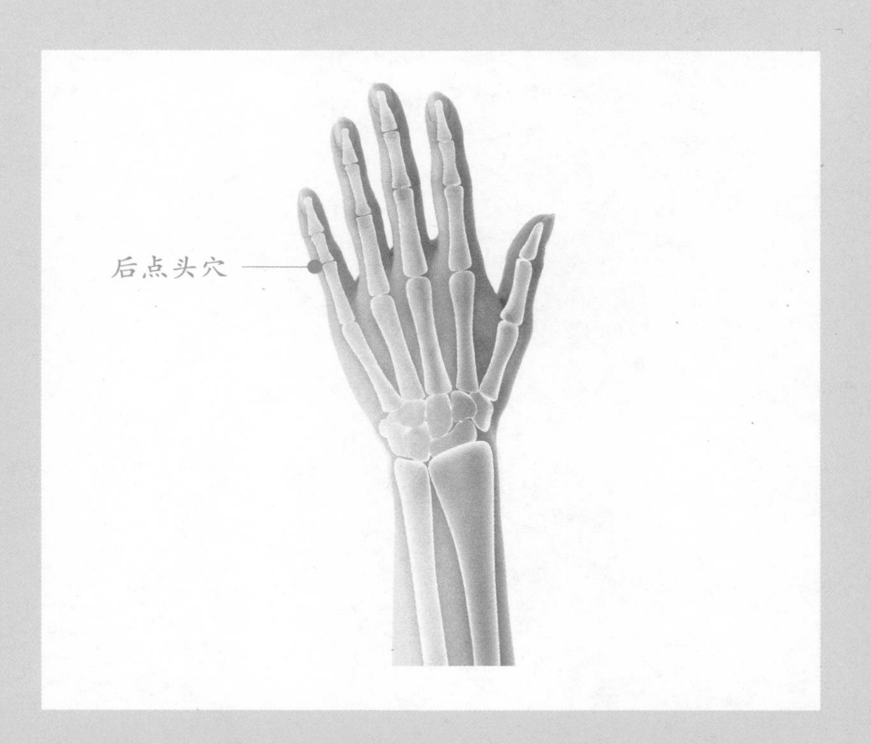

取穴及按压方法

掌心向上，在小指第二关节的外侧取穴。用对侧手的拇指和食指夹住关节两侧，稍用力按压。

年 第 周 月 日 — 月 日

月 日（星期一）

月 日（星期二）

月 日（星期三）

月 日（星期四）

月 日（星期五）

大雪，顾名思义，雪量大。正如《月令七十二候集解》所说："大者，盛也。至此而雪盛也。"短短一段文字，简洁明确地阐述了大雪节气的名称由来。大雪时节，天气更冷，降雪的概率比小雪时节更大了。"瑞雪兆丰年"，人们盼望着大雪给来年带来好兆头。

大雪

夜雪

唐·白居易

已讶衾枕冷，
复见窗户明。
夜深知雪重，
时闻折竹声。

冬季，由于天气阴冷，许多“冬病”容易发作，如各类关节炎、哮喘、心脑血管病等。此时节，应该多食活血祛瘀、补益肝肾之品，如黑白木耳、金针菜、山药、枸杞、黑芝麻、黑豆、核桃等。

双耳金针肉片

材料

白木耳…10 克
黑木耳…10 克
金针菜…50 克
瘦猪肉…100 克
葱白…20 克
生姜…10 克
盐…1/2 茶匙
米酒…2 汤匙
太白粉…少许

做法

1. 将白木耳、黑木耳、金针菜以温水发透，去蒂及杂质；将瘦猪肉切片、葱白切段、生姜切丝，备用。
2. 起油锅，以中火烧热，放入猪肉、白木耳、黑木耳、金针菜、葱白、生姜、米酒翻炒。
3. 炒至熟时，加盐，以太白粉加水略微勾芡，即可起锅。

功效

具有润肺生津、补养气血、滋肾益精的功效。现代研究认为，黑白木耳都具有增强免疫力、抗病毒的作用。白木耳中富含维生素 D，能防止钙的流失，同时还有健脑安神、提高呼吸系统机能的作用。黑木耳中铁的含量很高，常吃能养血驻颜，并可防治缺铁性贫血。此外，黑木耳中的胶质具有很强的吸附能力，可减少粉尘对肺的伤害。黑木耳内还有一种类核酸物质，可以降低血中的胆固醇，对冠心病、脑动脉硬化患者颇有益处。一个非常简单的做法是：将“双耳”用温水泡发后，加入冰糖和水，在蒸笼中蒸熟，制成双耳汤。此汤具有滋阴润肺、补肾健脑的功效。

缓解胸闷气喘与背痛

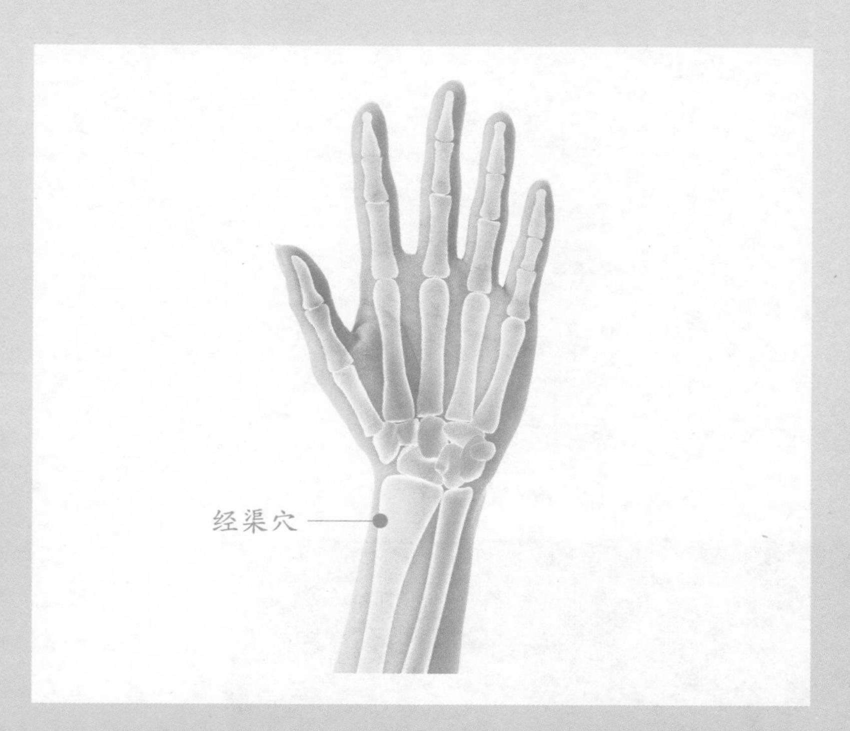

取穴及按压方法

仰掌，前臂拇指侧腕横纹上一拇指宽，桡骨茎突与桡动脉之间凹陷处，就是该穴。用对侧手的拇指指腹按压。

年 第 周 月 日 — 月 日

月 日（星期一）

月 日（星期二）

月 日（星期三）

月 日（星期四）

月 日（星期五）

“小雪封地，大雪封河”。冬季的北方常有“千里冰封，万里雪飘”的宏伟景观。人们在观赏“千里冰封”的自然美景的同时，还可溜冰、滑雪、堆雪人，尽情嬉戏。

对雪

唐·高骈

六出飞花入户时，
坐看青竹变琼枝。
如今好上高楼望，
盖尽人间恶路岐。

蜜三果

材料

山楂…250 克
板栗…250 克
白果…25 克
白糖…适量
糖桂花…适量
蜂蜜…适量
麻油…适量
水…适量

做法

1. 将山楂洗净，放入锅内加水煮至五成熟，捞出去皮及核；板栗洗净，剁浅口，放入沸水锅中烫一会儿，捞出剥去壳；白果去壳和膜皮，洗净。
2. 将板栗、白果放入盆内，上笼蒸 20 分钟，熟透取出，将白果去心待用。
3. 锅内放入麻油、白糖、水、蜂蜜、山楂、板栗、白果，煮沸后，改小火煨，最后放入糖桂花，淋上麻油即成。

功效

具有活血降脂，敛肺止咳，化痰消积，健脾开胃的功效，适用于胸闷、腹胀、咳嗽、气喘、胃口不佳以及高血压、高血脂、冠心病、脑动脉硬化等。

治疗眩晕与耳鸣

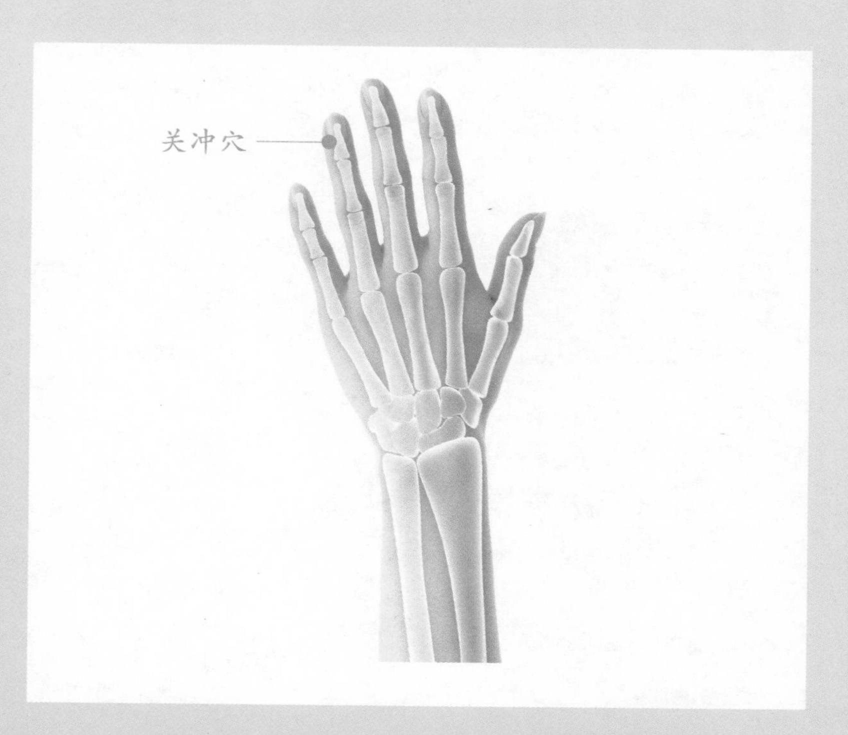

取穴及按压方法

在无名指指甲根靠小指一侧取穴。用对侧手的拇指或食指的指尖按压。

年 第　周　月　日 — 月　日

月　日
（星期一）

月　日
（星期二）

月　日
（星期三）

月　日
（星期四）

月　日
（星期五）

冬至这一天北半球白昼最短，夜晚最长。过了冬至，白天就会一天天变长。自此数九，进入隆冬时节，也就是人们常说的“数九寒天”。古人认为天地间有阴阳二气，每年到冬至日，极盛的阴气从这天转衰，阳气又开始萌生，称为“一阳复始”，故冬至也即“阴极之至”的意思。新生命肇始于冬至，所以有“冬至大如年”的说法。冬至时的一句吉祥语，便是“迎福践长”。

冬至

冬至日独游吉祥寺
宋·苏轼

井底微阳回未回，
萧萧寒雨湿枯荄。
何人更似苏夫子，
不是花时肯独来。

有的地方冬至这天要吃羊肉，这个习俗据说是从汉代开始的。汉高祖刘邦在冬至这一天吃了大将樊哙煮的羊肉，觉得特别鲜美，赞不绝口，从此民间形成了冬至吃羊肉的习俗。

黄焖羊肉

材料

羊腩肉…300 克
芋头…150 克
葱花…少许
姜末…少许
八角…少许
精盐…1/2 小匙
味精…1/2 小匙
白糖…1 大匙
酱油…2 大匙
甜面酱…1 小匙
香油…1 小匙
花椒粉…适量
水淀粉…适量
清汤…适量

做法

1. 将羊腩肉洗净血污，切成大块，放入清水锅中，用中火煮熟，捞出、冲净。
2. 将芋头去皮、洗净，切成滚刀块，再放入热油锅中炸至金黄色，捞出、沥油。
3. 锅中留少许底油烧热，放入葱花、姜末、八角炒香，再放入甜面酱、酱油、精盐、白糖、花椒粉、味精炒匀。
4. 添入清汤烧沸，加入羊肉块、芋头块，小火焖至熟烂，用水淀粉勾芡，淋入香油，出锅即成。

功效

具有益气补虚，驱寒暖身，促进血液循环，提高御寒能力的作用。羊肉所含蛋白质高于猪肉，所含钙和铁高于牛肉与猪肉，而胆固醇的含量是三者中最低的。体虚胃寒、小孩遗尿者常食羊肉颇有益。医圣张仲景创制“当归生姜羊肉汤”，对产妇体虚、羸弱、腹痛有良好疗效，至今仍为常用的温中补虚名方（做法：羊肉 250 克，切块，当归、生姜各 15 克，共同加水炖至羊肉烂熟，去药渣而饮汤、食羊肉）。

活血通络，治疗肩臂麻痛

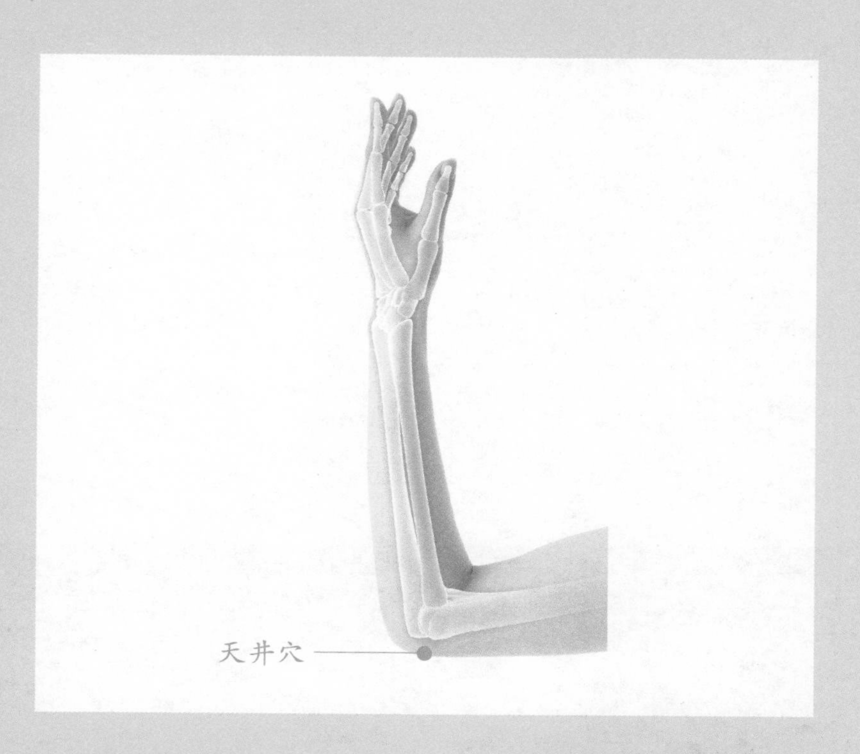

取穴及按压方法

本穴在臂外侧，肘尖(尺骨鹰嘴)后上方一拇指宽处。这个地方，如果屈肘的时候，则呈现一个凹窝。用对侧手的食指指腹按压。

年 第 周 月 日 — 月 日

月 日（星期一）

月 日（星期二）

月 日（星期三）

月 日（星期四）

月 日（星期五）

在古人眼里，冬至时节的天气是一种具有先兆意义的“风向标”。因此与节气相关的气象谚语中，冬至谚语是非常多的。例如，此时节的天气与年景的关联：冬至晴，百物成；冬至风吹人不怪，明年庄稼长得快；冬至天冷雨不断，来年收成无一半。还有谚语所反映的，是冬至时节的天气与后续某个时段的关联。比如与春节：冬至雨，必年晴；干净冬至邋遢年；与元宵节：冬至雨，元宵晴；冬至晴，元宵雨。

小至

唐·杜甫

天时人事日相催，
冬至阳生春又来。
刺绣五纹添弱线，
吹葭六琯动飞灰。
岸容待腊将舒柳，
山意冲寒欲放梅。
云物不殊乡国异，
教儿且覆掌中杯。

在江南水乡，有冬至之夜全家一起吃红豆糯米饭的习俗。相传，共工氏（中国古代神话中的水神）有不才子，作恶多端，死于冬至这一天，死后变成疫鬼继续残害百姓，但这个疫鬼最怕红豆，于是人们就在冬至这一天煮吃红豆饭，用以驱鬼。

从医学角度来看，红豆具有一定的药用价值。如，红豆有利尿消肿的作用，对于水液代谢不足导致的手肿、腿肿有一定辅助治疗作用；红豆中富含膳食纤维，可以促进肠道蠕动，起到通便的作用，再加上消肿功能，对于爱美女性有一定瘦身效果；红豆是一种很好的催乳食物，常和其他食物（如鲫鱼）一起煲汤，既可以补充营养，还可以起到催乳的效果。

抹茶红豆年糕

材料

豆腐布丁… 120 克
红豆汤 …1 小碗
糯米粉… 50 克
调味奶油芝士… 1 小块
抹茶粉… 10 克
牛奶…1 勺

做法

1. 将糯米粉用热水和成团，搓成圆子，入沸水煮至浮起，捞出浸入冰水中待用。
2. 将抹茶粉用 1 勺牛奶（加温水）调成泥，与调味奶油芝士、豆腐布丁一起用搅拌机打匀，倒在小碗里，放入冰箱中，一会儿就凝结成抹茶芝士豆腐布丁了。
3. 盛一碗煮好的红豆汤，沥去汤汁，将红豆舀出加在布丁上，再放上糯米丸子，拌开吃即可。

提示

超市有现成的豆腐布丁出售；调味奶油芝士就是用来抹面包的那种，如果喜欢甜一点，就再加点甜炼乳；红豆事先用漏勺沥干汤汁；糯米丸子放在冰水里可以保持浑圆不黏糊。

功效

清心安神，利尿消肿。

治疗前列腺炎与妇科炎症

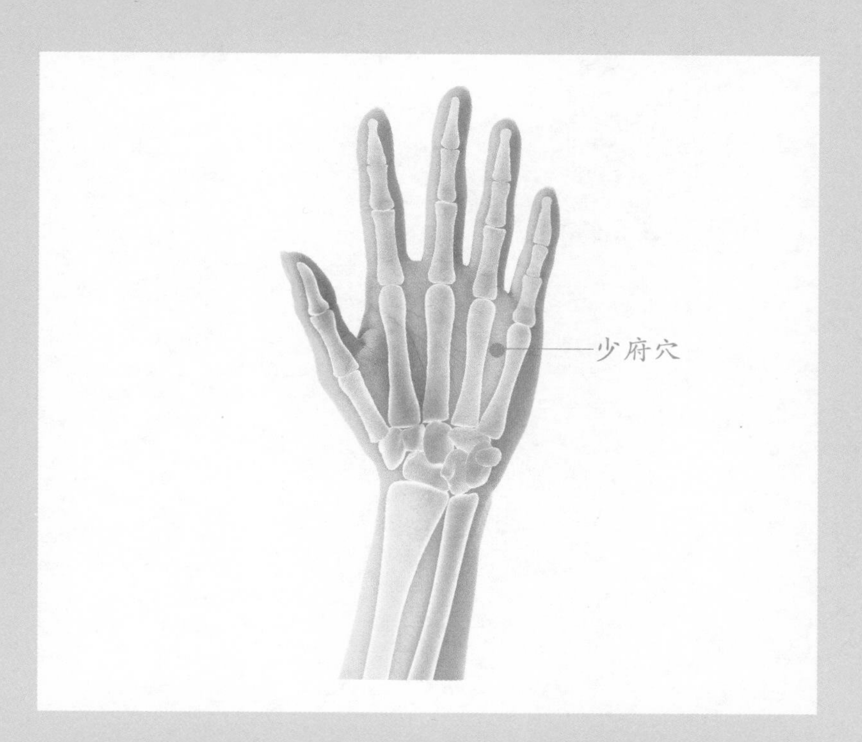

取穴及按压方法

握拳时，无名指、小指的指尖切压在掌心内的第一横纹上，两指尖之间就是少府穴。用对侧手的拇指指腹按揉。

年 第 周 月 日 — 月 日

月 日（星期一）

月 日（星期二）

月 日（星期三）

月 日（星期四）

月 日（星期五）

《月令七十二候集解》中说："小寒，十二月节。月初寒尚小，故云。月半则大矣。"小寒节气一过，就进入"出门冰上走"的三九天。从历年来气候观测资料来看，我国大部分地区小寒节气时段的平均气温是全年最低的，因此有"小寒胜大寒"之说。总之，小寒节气标志着开始进入一年中最寒冷的日子。

小寒

驻舆遣人寻访后山陈德方家

宋·黄庭坚

江雨蒙蒙作小寒，
雪飘五老发毛斑。
城中咫尺云横栈，
独立前山望后山。

近年来，“小寒不寒”的现象时有出现。俗语说：“小寒大冷人马安。”意思是小寒节气之后，天气理所当然应该寒冷，才符合季节变化，人畜才不会有疫病发生，即指出寒温无常容易引发疾病，这是有科学道理的。民间有“三九补一冬，来年无病痛”的说法。《黄帝内经》说“秋冬养阴”，因此这时进补，应适当配以滋阴润燥之品，调和阴阳。

党参麦冬兔肉汤

材料

党参…10 克
麦冬…15 克
甘草…6 克
兔肉…750 克
山药…250 克
红枣…12 个
生姜…2~3 片
盐…适量
生抽…少许

做法

❶将党参、麦冬、甘草、红枣（去核）洗净；将山药去皮，切大块。
❷将兔肉洗净、切块，置沸水中稍滚片刻，捞出再洗净。
❸将上述材料与生姜一起放入瓦煲内，加入清水3000毫升，武火煮沸后，改用文火煲约2个小时，调入适量盐及少许生抽即可。

功效

具有滋阴补气、养神培元的作用。兔肉，《名医别录》称其“主补中益气”，《本草纲目》指出它有“凉血，解热毒，利大肠”的功用，配以党参、麦冬、甘草、山药、红枣补气健脾、滋阴润肺，合而为汤，则成冬日清补汤品。此汤有增强免疫力，预防冬季流感的作用，也非常适合患有慢性呼吸系统疾病或糖尿病的人食用。

治疗耳病与胸胁痛

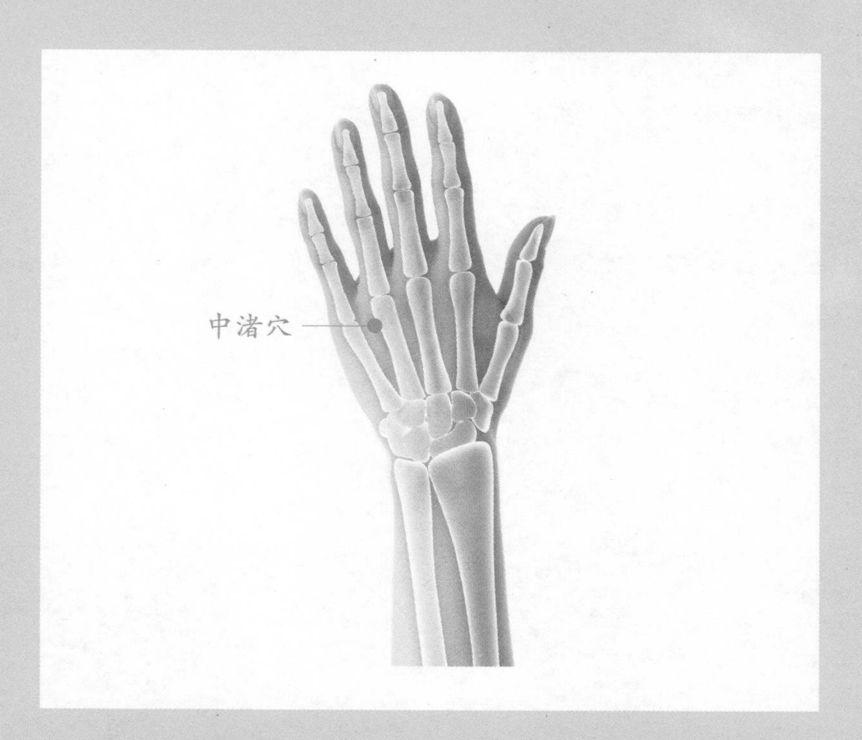

取穴及按压方法

本穴在手背部，在第 4、5 掌指关节间的后方。握拳俯掌，在手背第 4、5 掌骨头之间可出现凹陷，中渚穴就在此凹陷靠近无名指侧。用对侧的食指指甲掐按。

年 第 周 月 日 — 月 日

月 日
（星期一）

月 日
（星期二）

月 日
（星期三）

月 日
（星期四）

月 日
（星期五）

吃菜饭是南方小寒节气时的食俗。比如正宗的南京菜饭，是用南京特产的青菜矮脚黄，与香肠、腊肉、板鸭丁一起配上生姜、糯米煮制的。为什么要用糯米？主要是因为糯米既有营养，又消化吸收较慢，可以维持长时间的能量供应，抵御寒冷。而在北方地区多有小寒时节喝鸡汤的习俗。把老母鸡或乌骨鸡与当归、枸杞、黑木耳、党参等一起小火慢炖，至闻到鸡香、药香时起锅，喝汤吃肉，能很好地补养正气。

冬尽

明·袁宏道

怕见历头残，
穷年逼小寒。
见人黑发去，
自检白髭看。
好句逢僧得，
新怀语客难。
云山与烟水，
梦著也成欢。

护肾有妙招

中医认为，肾应冬，寒气通于肾。为了不让寒气伤肾，我们要护住身体的两个部位：后腰和双脚。

护后腰

双手搓后腰有助于疏通带脉、强壮腰脊和固精益肾。具体的做法是：两手对搓发热后，紧按腰眼处，稍停片刻，然后用力向下搓到尾椎骨区域。每次做 50~100 遍，每天早晚各做一次。

护双脚

“寒从脚底生”。如果脚踝内侧的肾经受寒了，寒气就会直接入肾伤肾；同样，脚踝外侧的膀胱经受寒了，寒气同样也会伤肾，女性就会出现宫寒痛经的情况。足浴是一个很好的保健方法。足浴要注意三点：一是温度，水温最好在 40℃左右，水淹没踝关节；二是时间，每次浸泡 20~30 分钟，不时添加热水保持水温；三是按摩，足浴后用手按摩足趾和脚掌心 2~3 分钟。要注意的是，足浴之后最好在半小时内就寝，保证足浴效果。

足浴的时候加点生姜，也是很好的暖脚方法，特别对于感受风寒引起的感冒初期有很好的疗效。

对于宫寒痛经、平时手脚不温的人，可以试用以下泡脚方：艾叶 15 克、鸡血藤 30 克、肉桂 15 克。这是一副药的量，煮好后泡脚，有温经散寒、活血通络的作用。每天泡一次，一副药可以泡两三次。

固肾养肾，治脱发与遗尿

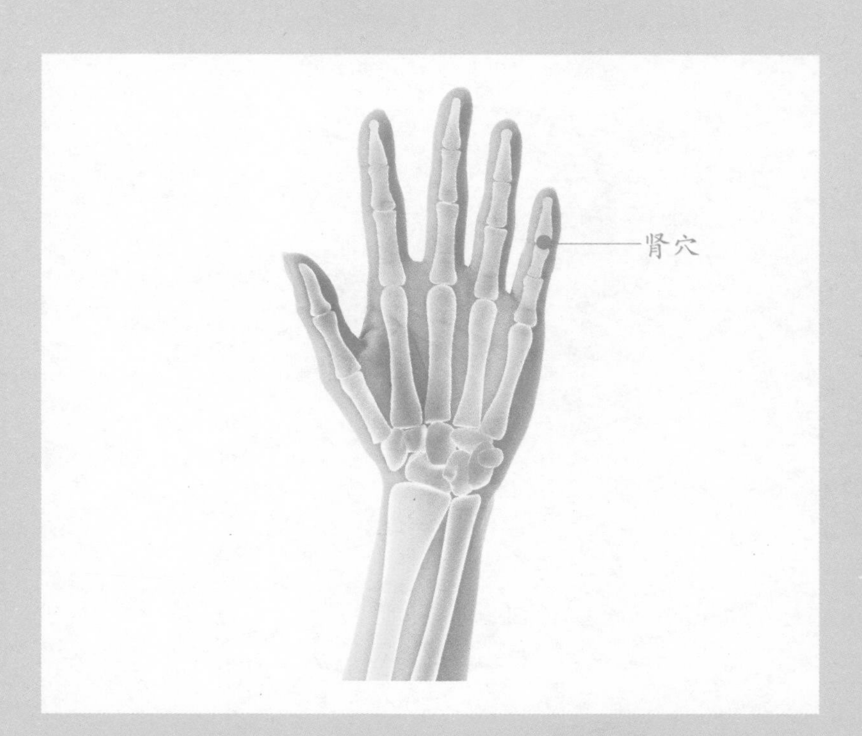

取穴及按压方法

掌心向上，于小指第一关节横纹的正中央处取穴。用对侧手的拇指尖稍用力按压。

年 第 周 月 日 — 月 日

月 日（星期一）

月 日（星期二）

月 日（星期三）

月 日（星期四）

月 日（星期五）

农谚所谓的“三九四九，冻破缸臼”，正是对大寒时节气候的形容。大寒时节按理该是全年最冷的时候，但从西伯利亚吹来的寒流通常多见于小寒时节，所以天气有时反而不如小寒那般酷冷。谚语说，“大寒不寒，春分不暖”，意思是指大寒时节如果不冷，那么寒冷的天气将会延后，来年的春天则会变得寒冷。这个时节集市熙熙攘攘，家家户户置办年货。新春正在路上，团圆也在路上，心与心的距离更加贴近，温暖盈满心房。

大寒

游慈云

宋·陈著

老怀不与世情更，
才说闲行兴翼然。
微湿易干沙软路，
大寒却暖雪晴天。
未曾到寺香先妙，
底用寻梅山自妍。
笑问松边人立石，
汝知今日是何年。

所谓岁谷，即禀当年之气而生长的谷物。古人认为，万物的真气都蕴藏于种子、果实之中。所以，在春天到来之前，人们要摄入象征生命之源的食材，期待下一个四季生机勃发。《遵生八笺》曾记录："腊月八日，东京作浴佛会，以诸果品煮粥，谓之腊八粥，吃以增福。" 进入腊月，临近春节，家家忙碌，工作上的压力也比较大，因此更要注意身体，起居有常，增加营养，以良好的身心状态迎接春节的到来。

大寒时节还有一个非常重要的日子——"腊八"，即农历十二月初八。在这一天，人们用五谷杂粮加上花生、栗子、红枣、莲子等熬成一锅香甜美味的腊八粥，古人称之为"岁谷""增运粥"。《黄帝内经》有"食岁谷以全真气"之说。

八宝鸡

材料

母鸡…1 只 (1500 克左右)
鲜豌豆（或冬笋片）…75 克
糯米…60 克
火腿…30 克
虾仁…15 克
水发香菇…20 克
薏米…30 克
莲子…20 克
芡实…30 克
盐…适量
料酒…适量
生姜…1 块
葱…1 棵
酱油…适量

做法

❶ 先将糯米用水浸泡 2 小时；将母鸡去毛、内脏及爪，洗净。

❷ 将香菇、火腿切丁。

❸ 锅中放足量水烧开后，放入母鸡汆烫 2~3 分钟，捞出，沥干水分。

❹ 切一大块生姜和葱段，一起拍扁，均匀地将鸡身上下涂抹一遍去腥，待略干后，再用酱油薄薄地将鸡身擦抹一遍。

❺ 将已泡胀的糯米和莲子、薏米、芡实、虾仁、豌豆(或冬笋片）、香菇丁、火腿丁、盐、料酒一起拌匀后，放入鸡腹内，切口处用白线缝好，或用牙签封住，隔水蒸两小时，熟烂即可。

治疗腹胀、吐泻与颈肩酸痛

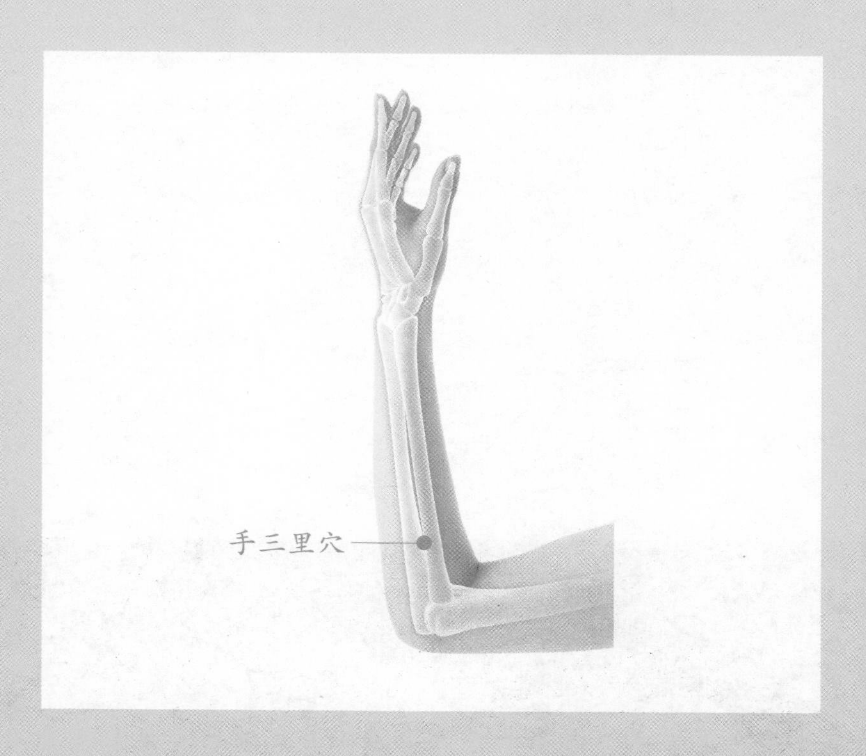

取穴及按压方法

拇指侧肘横纹头（即曲池穴位置，参见第 95 页）往前两横指宽处。用对侧手的拇指指腹按压。

年 第 周 月 日 — 月 日

月 日
（星期一）

月 日
（星期二）

月 日
（星期三）

月 日
（星期四）

月 日
（星期五）

“辞旧迎新小年忙，擦窗扫地净灶膛。送得灶王上天去，多多美言迎吉祥。”民间传说，每年腊月二十三，灶王爷都要上天向玉皇大帝禀报这家人的善恶，让玉皇大帝赏罚。因此“送灶”时，人们在灶王像前的桌案上供放糖果、清水、料豆等，以表自己真诚祭拜灶王爷，为的就是让灶王爷在玉帝面前多说好话。

和仲蒙夜坐

宋·文同

宿鸟惊飞断雁号，
独凭幽几静尘劳。
风鸣北户霜威重，
云压南山雪意高。
少睡始知茶效力，
大寒须遣酒争豪。
砚冰已合灯花老，
犹对群书拥敝袍。

“冬令进补，开春打虎。”大寒时节，应遵循冬季调养“秋冬养阴，无扰乎阳”的总要求，顺应阳气的潜藏，以“敛阴护阳”为原则。适当选用些药食同源的食材“打底”，此称之为“底补”，就是打好基础再行进补的意思。如补肾三黑核桃粥，用黑芝麻、黑豆、黑米和核桃；健脾四神猪肚汤，用茯苓、山药、芡实、莲子加猪肚等，都是“底补”的佳品。另外，将滋阴、养血、润燥的“血肉有情之品”阿胶做成阿胶糕、固元膏、阿胶牛奶、阿胶粥等，用滋补肝肾的枸杞代茶饮，都是不错的选择。

培元固本阿胶糕

材料

阿胶…125 克
黄酒…500 毫升
核桃仁…250 克
黑芝麻…100 克
枸杞…75 克
龙眼肉…75 克
红枣…75 克
冰糖…75 克

做法

1. 将阿胶用黄酒浸泡，用保鲜膜封好，放置大约 3 天，泡软即可。
2. 将黑芝麻炒熟研粉，核桃仁炒熟掰开。
3. 锅中倒入浸泡后的阿胶和黄酒，武火煮沸后改文火，期间不断搅拌，约 30 分钟后倒入冰糖，继续搅拌至浓稠。
4. 离火加入黑芝麻粉、核桃仁、红枣、龙眼肉、枸杞，用力快速拌匀，入模压实。
5. 放凉后冷藏 3~4 小时，取出切片。建议每天晨起食用 1~2 片。

功效

具有健脾补肾，养肝润肺，滋阴养血，宁心安神的作用。需要注意的是，对酒精过敏者忌用，孕妇、儿童、糖尿病患者慎用，患感冒时停用。

宁心安神，治疗心绞痛与心律不齐

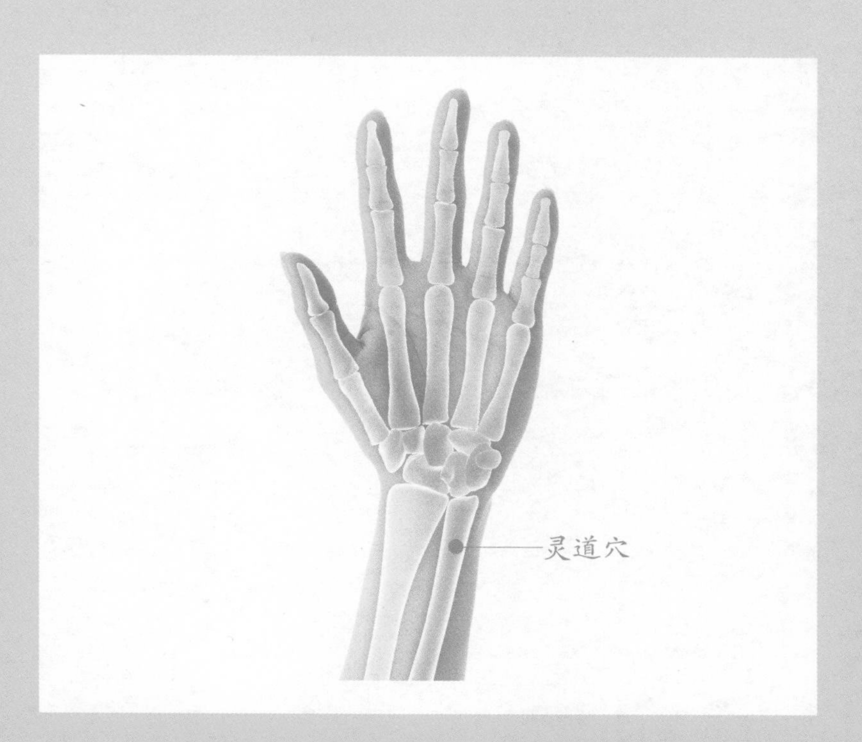

取穴及按压方法

神门穴（参见第 159 页）往上一拇指宽处，与手背部的尺骨小头（圆的高骨）后缘平齐。用对侧手的拇指指甲掐按。

年 第 周 月 日 — 月 日

月 日
（星期一）

月 日
（星期二）

月 日
（星期三）

月 日
（星期四）

月 日
（星期五）

年 第 周 月 日 — 月 日

月 日
（星期一）

月 日
（星期二）

月 日
（星期三）

月 日
（星期四）

月 日
（星期五）

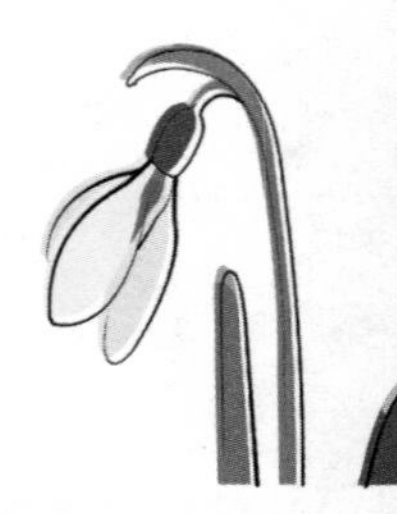

年 第 周 月 日 — 月 日

月 日 （星期一）	
月 日 （星期二）	
月 日 （星期三）	
月 日 （星期四）	
月 日 （星期五）	

年 第　　周　　月　　日 — 　　月　　日

月　　日 （星期一）	
月　　日 （星期二）	
月　　日 （星期三）	
月　　日 （星期四）	
月　　日 （星期五）	

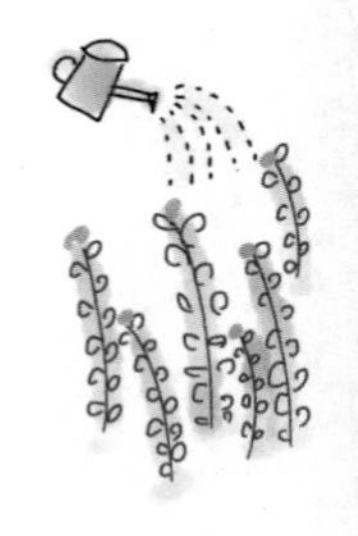

年 第　周　月　日 — 月　日

月　日
（星期一）

月　日
（星期二）

月　日
（星期三）

月　日
（星期四）

月　日
（星期五）

年 第 周 月 日 — 月 日

月 日 （星期一）	
月 日 （星期二）	
月 日 （星期三）	
月 日 （星期四）	
月 日 （星期五）	

图书在版编目(CIP)数据

手握幸福:健康工作轻手账/孙建光主编.—青岛:青岛出版社,2021.7

ISBN 978-7-5552-6101-8

Ⅰ.①手… Ⅱ.①孙… Ⅲ.①本册②保健-基本知识 Ⅳ.①TS951.5②R161

中国版本图书馆CIP数据核字(2021)第089622号

书　　名	手握幸福:健康工作轻手账
主　　编	孙建光
副 主 编	陈　飒　唐长华　张　程
出版发行	青岛出版社
社　　址	青岛市海尔路182号(266061)
本社网址	http://www.qdpub.com
邮购电话	0532-68068091
责任编辑	傅　刚　E-mail:qdpubjk@163.com
封面设计	光合时代
图文统筹	文来图往
按 摩 板	©小艾坐堂
融媒推广	凤凰传书
排　　版	青岛新华印刷有限公司
印　　刷	青岛新华印刷有限公司
出版日期	2021年7月第1版　2021年7月第1次印刷
开　　本	32开(890mmx1240mm)
印　　张	8.5
字　　数	260千
书　　号	ISBN 978-7-5552-6101-8
定　　价	68.00元

编校印装质量、盗版监督服务电话　4006532017　0532-68068050